U0445497

赵玉平.

水浒智慧 1

赵玉平 著

电子工业出版社
Publishing House of Electronics Industry
北京·BEIJING

未经许可，不得以任何方式复制或抄袭本书之部分或全部内容。
版权所有，侵权必究。

图书在版编目（CIP）数据

水浒智慧 .1 / 赵玉平著 .—北京：电子工业出版社，2023.4

ISBN 978-7-121-45223-9

Ⅰ.①水… Ⅱ.①赵… Ⅲ.①人生哲学－通俗读物 Ⅳ.① B821-49

中国国家版本馆 CIP 数据核字（2023）第 046064 号

责任编辑：张　冉
特约编辑：胡昭滔
印　　刷：三河市鑫金马印装有限公司
装　　订：三河市鑫金马印装有限公司
出版发行：电子工业出版社
　　　　　北京市海淀区万寿路 173 信箱　　邮编：100036
开　　本：720×1000　1/16　印张：12.25　字数：150 千字
版　　次：2023 年 4 月第 1 版
印　　次：2023 年 4 月第 1 次印刷
定　　价：66.00 元

凡所购买电子工业出版社图书有缺损问题，请向购买书店调换。若书店售缺，请与本社发行部联系，联系及邮购电话：(010) 88254888，88258888。

质量投诉请发邮件至 zlts@phei.com.cn，盗版侵权举报请发邮件至 dbqq@phei.com.cn。

本书咨询联系方式：(010) 88254439，zhangran@phei.com.cn，微信号：yingxianglibook。

序　言

如探宝山，如嚼甘蔗

一本好书是一座宝山。

如何在宝山当中找到宝藏？当然需要好向导。好问题就是一位好向导，在这位向导的带领下，我们最终能够深入宝山找到宝藏。读《水浒传》的过程中，我想过很多问题。正是这些问题，指引我对书中的内容有了更深的领悟。

一开始看《水浒传》的时候，总是忍不住想一个问题，为什么水浒英雄都那么爱喝酒？见面喝酒，分别喝酒，高兴时喝酒，不高兴时也喝酒，喜事喝酒，丧事喝酒，闲着没事还是喝酒。英雄好汉行走江湖就离不开两样东西，一个是兵器，一个是酒。一手拿着酒葫芦，一手拿着大砍刀，那场面豪迈而壮烈。其实关于英雄好汉喜欢喝酒这个现象，其背后还有一个深层的原因，众所周知，古代是没有纯净水的制造和储存技术的，于是行路之人就会面临一个大问题，如何解决一路上的饮水问题，随身带的水囊里的水时间久了会变质，喝下去容易闹肚子。

酒相对于水，其优点就是不会变质，口渴了喝点儿低度数的水酒，不会闹肚子，还能解渴解乏。所以英雄随身带个酒葫芦，这跟我们走在路上拿一瓶矿泉水其实是一样的。《水浒传》中有一种说法是"水酒"，这个词很有趣，水酒水酒，像水一样的酒，拿来当水喝的酒。这个词大概描述了一种状态，就是人们并非喝酒上瘾，而是把这种低度数的酒精饮料拿来当水喝。大家看看，其实换个思路，换个角度，问题就能迎刃而解，心中也就豁然开朗了。

　　在读水浒故事的过程中，这种豁然开朗的感觉指引我由浅入深，领悟到很多人生智慧。

　　曾经有人跟我探讨一个问题：小说里的故事都是虚构的，从这些假的故事当中能学到什么道理呢？其实，小说源于生活、高于生活、浓缩生活、概括生活，即便《西游记》这样的神怪小说也不是凭空捏造的，它也反映了真实的社会生活。人名地名都是假的，但是那些事情和道理却是真的。而且有很多不适合在史书中说的话，在小说当中都可以畅快淋漓地写出来。有很多规律、很多思想在小说当中往往表现得更加清晰透彻。

　　我一直有这样一个观点，"小团队管理要看西游，大团队管理要看水浒"。谈到水泊梁山的一百零八条好汉，很多人头脑中都会冒出四个字——"逼上梁山"。不过翻开原著仔细分析一下就会发现，这并不是组建梁山团队的主要模式。我们对原著故事稍做统计就会发现，其实"躲上梁山"这个说法更准确。很多英雄好汉正处于事业发展、人生发展的瓶颈期，前无出路，后无退路，而且面临着来自外部的巨大威胁，无奈之下才选择了上梁山。这样的英雄有三十多位，包括"七星聚义"的七条好汉，也包括"闹江州"的那些好汉，还有杨雄、石秀、孙立、孙新都属于这种情况。

除此以外，好汉聚义的途径还有另一条，就是"降上梁山"。比较典型的包括大刀关胜、双鞭呼延灼、急先锋索超、双枪将董平，还有神火将军魏定国、圣水将军单廷圭、百胜将韩滔、轰天雷凌振等。这些人一开始与梁山开战，在吃了败仗后被打得心服口服，然后上了梁山。无论是口服还是心服，其中都包含着一些无奈的成分，他们对梁山文化、梁山模式的认同度肯定是不那么高的。剩下的模式才是"逼上梁山"，最典型的是豹子头林冲，还有行者武松。很明显，要了解梁山好汉的成长道路，林冲和武松的故事无疑是最有代表性的，而且他们对梁山文化、梁山事业的认可度也最高，投入感也最强。不过像这种情况的好汉并不多，只有不到二十位，"躲上梁山"和"降上梁山"还是占多数的。

话说到这儿，我们就会发现一个问题，作为纵横天下的英雄团队，梁山好汉当中很多人是有私心杂念的，他们的事业心并不强，往往为了个人私利，在无奈的情况下才加入这个团队，并且其中很多人的文化认同感、事业投入感也没有那么强。有一些人能力不强，脾气不好，境界不高，态度不够，我们把这样的人称为"四不"成员。实际上，梁山的管理层对这样的"四不"成员保持着一种包容接纳的态度，这一点是非常值得我们思考的。

俗话说"人分三六九等，木有花梨紫檀"，管理学的理论告诉我们，需求层次不同，团队呈现多样化。有人为理想、为事业、为荣誉、为了自我实现，要把眼前的事情做好；也有人纯粹就是为了房子、车子、票子来参加这个任务；还有人为了吃喝玩乐、增进感情，要求加入团队。对待这些人，不仅要包容、要接纳，而且要想办法满足。既考虑高层需求，也考虑低层需求。千里马不要草料，它要的是草原；但是小毛驴不要草原，它要的就是吃吃喝喝。对这样的成员应该考虑高低匹配、人岗匹配和待遇匹配，把合适的人安排在合适的位置上，在实践当中一点一点培养他，一点一点磨炼他。

历史经验告诉我们，铁打的队伍是在打铁的过程中一点一点磨炼出来的，并不是从一开始就人人都过硬的。所以说管理工作为什么有挑战，为什么复杂？因为团队多样化，成员五花八门，确实存在那种"四不"成员，对这样的人确实需要一边使用、一边培养，一边满足、一边改造。总而言之，要想有五湖四海的事业，先要有五湖四海的队伍；要想有五湖四海的队伍，先要有五湖四海的胸怀。

水泊梁山这个团队的员工构成比较复杂，其中有皇室贵胄、江湖豪杰、草莽英雄，有官员、商人、读书人，还有蟊贼。这些人如何正确安排，合理使用，这是一个非常有挑战性的问题。梁山团队人数很多，但职位资源比较有限，属于典型的"狼多肉少"。想想看弹丸之地，要安排一百零八位员工，而且这些人都是带着刀来的，习惯用拳头说话，安排好了我管你叫大哥，安排不好咱们就刀兵相见。所以人员安排风险、难度都非常大。但实际上，梁山团队把这个问题解决得很好，做到了有先有后，有高有低，而且领先的不牛，落后的不闹，人人都满意。这里边的一些带队伍和管人用人的方法确实值得讨论。对这个问题的思考会把我们阅读《水浒传》的体验升华到一个新高度。

其实，对每一段故事、每一个情节，我们都可以问出很多问题。学问学问，会学还要会问。比如宋江三打祝家庄的故事，一开始宋江吃了败仗，打祝家庄可以在江湖上立威，同时又能锻炼队伍，还能得一些钱粮，这都是好的想法。但是在这个想法的基础上，宋江的后续表现不是特别理想，直接导致损兵折将、战斗失利。其实关于打祝家庄这件事，我们可以从一般的做人做事和管人管事的常识出发，问几个基本问题：既然要打祝家庄，是野战，是攻坚战，是里应外合，还是围点打援、诱敌深入？对敌人的战斗实力和防守情况掌握多少信息？对手是不是铁板一块？有没有同情我们、支持我们的人？我们的优缺点是什么，敌人的优缺点是什么？人、财物、信息、时间等资源怎么配合？这场战斗分几步进行，每一步要达成的目标是什么，配合什么样的动作？对于这些问题，如果想不清楚就贸然行动，那肯定要失利。说到这，我们可以做一个具体比喻，好比说一个人在一个陌生的城市中行走，他心中有一个目的地，接下来就应该打开地图，先选择一条可靠的路径，计划一下，是乘公交、地铁，还是自驾？是走环路、中轴线，还是穿街过巷避开拥堵？把路径选好后是配置资源，人力、物力、资金、信息、时间都应该搭配好。路径和资源的事情解决了，最重要的事情出现了，就是确定步骤，要去这个地点分几步走，第一步到哪个点，第二步到哪个点，第三步到哪个点？每一步采取什么动作，耗费多少时间，完成任务的进度是百分之多少？这些都要想好才行。

  通过以上比喻我们会发现，把一个好的想法落到实处变为现实，离不开三个重要的元素：路径、资源、步骤，特别是在确定步骤的时候，必须保证数量指标和基本动作的配合。以上这种思路就叫"行动地图"。做事情不仅要有好的想法，还必须有可靠的行动地图。宋江第三次打祝家庄为什么成功？因为有行动地图了，确定了里应外合的思路，配置了人力、物力、财力，把战斗过程分成侦察阶段、卧底阶段、佯攻阶段、诱敌阶段和强攻阶段,每一步又确定了时间、地点、具体动作,在这一套行动地图的指引之下,战斗顺利地取得了成功。总而言之一句话:光有好的想法是不够的,光下决心、有热情也是不够的,一定要善于把行动意图变成行动地图,这样才能成功。

从2014年到2018年,我用四年时间讲了四部《水浒智慧》的内容,主题分别是:第一部——梁山头领那些事儿,第二部——英雄是怎样炼成的,第三部——好汉的成长故事,第四部——梁山能人启示录,这个系列总的主题是"水浒智慧"。

什么是智慧?翻字典、搜网络,得到的答案基本都是这样的:智慧就是聪明才智,它是人必须具备的一种综合能力。这个答案好像什么都说了,又好像什么都没说。

要讨论智慧,首先要讨论一下智力。很显然,有智慧的人一定是有智力的,但是智力又不是智慧的全部。简单来说,智力主要指的是一个人的认知能力,包括记忆、想象、逻辑、判断、思维、表达,甚至更基础的感觉知觉,还包括更高级的创造力,但以上这些都不足以概括智慧的全貌。我们观察一下日常生活就会发现,管不住情绪的人没智慧,三天打鱼两天晒网的人没智慧,缺乏慈悲之心的人没智慧,耍小聪明、自寻烦恼的人没智慧,爱占小便宜、没有长远眼光的人没智慧,损人利己、心术不正的人没智慧。把以上这些现象整合起来看,智慧除了包含智力,还应该包含三个方面的内容:情绪情感、意志品质、基本价值观。大家可以看出,其实智力解决了"术"的问题,而其他因素解决了"道"的问题。做一个比喻,道是方向盘,术是发动机,发动机特别好但方向盘把控不住,

是肯定要翻车的。说到这里,我们分享几句关于智慧的话:

> 过去的一切都是智慧的镜子;
> 人的智慧是快乐的源泉;
> 智慧是一盏指路明灯;
> 使人发光的不是衣服上的珠宝,而是心灵中的智慧;
> 可以遇到一千个学者,不一定遇到一个有智慧的人;
> 一两自己的智慧抵得上一千斤别人的智慧。

增长智慧确实对我们每个人都特别重要,但是增长智慧靠读书、靠做题、靠背诵就可以了吗?显然是不够的。"知一丈不如行一寸",知道一千个道理不如扎扎实实去落实一个道理。我们要做的就是从眼前的生活开始,从日常小事开始,训练行为模式,培养小的习惯。九思书院一直强调的"五个一",其实就是帮大家培养智慧的好方法。把以上内容综合在一起,差不多我们就能理解智慧的基本内涵,浓缩成一句话就是:道与术,把握度,知行合一有思路。

一位企业家曾发表过这样的观点:"我爱听营销的课、市场的课,另外,技术流程或者考核激励的课也挺好的,我就是不怎么爱听文化思想类的课程,觉得都太虚了,学来学去也不能立竿见影地产生效益。"类似的观点我也听到一个同学说过,他认为学战略、学文化都太虚了,这样的选修课有点浪费时间,还不如扎扎实实听一门技术课或者财务课,能学到点儿实实在在的东西。其实每次听到这样的说法我都有点感慨,世界只有一个,大家的理解方式各有不同,我们没必要强求一致,但是有些道理确实有必要好好地讲一讲。我在"选人用人定成败"的课程当中讲过一个特别典型的案例，就是水泊梁山的"英雄排座次"，这次排座次其实相当于岗位安排和考核奖励，这是梁山绩效管理的一次重大行动。不过请大家注意，在英雄排座次之前，梁山的管理层还做了一件事情，就是竖起一面杏黄旗，上写四个大字"替天行道"。"树大旗"这件事相当于明确战略、传播文化。很显然，前面的绩效管理、考核奖励、职位安排就比较实，而后边的确定战略、传播文化相对就比较虚，这两件事都非常有必要。我们可以思考一个问题：为什么树大旗在前，排座次在后，这种先后顺序是很耐人寻味、引人深思的。

从总体上讲，围绕看得见的东西进行思考、实施管理、做出决策，这叫作"务实"；而围绕看不见的东西进行思考、实施管理、做出决策，这叫作"务虚"。我们所看到的那些分析表格、研究流程，或者说绩效考核、职位安排都属于务实的管理；与此相对应的探讨战略、探讨文化或者说探讨思想，都属于务虚的管理。

历史经验证明，"务实"决定你走多快，"务虚"决定你走多远。如果一个人或者一个企业只抓"务实"的活动，不抓"务虚"的活动，造成的结果就是速度很快，但是走不远。这种局面就有点像以前手机当中的贪食蛇游戏，那条蛇的速度确实很快，并且会成长、会壮大，尽管它的速度很快，却始终在一个有限的空间内活动，而且随着它越来越大，问题会越来越多，最终会撞死在自己的体系上。在现实生活中，这样的人其实只有效率，没有格局。总而言之，"务实"管理决定你走得有多快，"务虚"管理决定你走得有多远，只有做到了阴阳平衡、虚实结合，才能够行稳致远、成就事业、成就人生。

我们在学习文化的过程中，会遇到两种人：一种是"一棍子打死""一笔抹杀",另一种是通通正确、通盘接受。其实这两种观念都违背"扬弃"的精神,都缺乏辩证的眼光和传承真理的态度,用这样的思路对待传统文化,就不是在传播真理,而是在制造错误。连小孩子都知道吃甘蔗的时候,养分要吸收,渣子就吐掉,学文化如同吃甘蔗,吸养分和吐渣子缺一不可。比如讲"水浒智慧"这个主题,有人会说,你讲梁山好汉、讲宋江他们这些人,你是不是觉得他们处处都该学,事事做得都对?很明显不是。比如黑旋风李逵喜欢滥杀无辜,在"真假李逵"这个故事当中就有非常残忍的杀戮场面;还比如宋江在收霹雳火秦明的过程当中,一夜之间把城外居民区屠成白地,有很多无辜的百姓都遭殃了。像这种事情在《水浒传》这本书里还真有不少,所以在解读的过程中,我们是要进行辨别和筛选的。有家长问我,孩子能不能读《水浒传》,我建议是小孩子可以读一个少儿版的《水浒传》,等长大成人了,认知成熟了,有分辨能力了,再读完整版的原著。学习传统文化既不能全盘肯定,更不能全盘否定,"凡事走向极端,就会走向反面"。我们学习传统文化,无论是读四大名著、二十五史,还是钻研诸子百家,都要启动辩证思考的能力,发挥"扬弃"精神,按照嚼甘蔗的思路去做,具体来说就是"三去":去粗取精,去伪存真,去邪取正。

以上就是我在准备"水浒智慧"这个系列内容的时候,产生的一些思考和体会,整理出来和各位朋友分享,敬请大家批评指正。

赵玉平

2023年3月

北京

前 言

《水浒传》是中国历史上第一部描写农民起义的长篇小说，它是一部在上百年集体创作的基础上整理、加工、创作出来的作品。南宋时，梁山英雄故事流传甚广。《水浒传》最早的蓝本是宋人的《大宋宣和遗事》。在元杂剧中，梁山英雄已由三十六人发展到一百零八人，水浒故事传到元末，大致形成了今本《水浒传》的规模。

《水浒传》的作者施耐庵（1296—1370），名耳，祖籍苏州，明初著名小说家，三十五岁中进士后弃官退居故乡从事创作。传说他同元末农民起义运动有一定的联系。《水浒传》的结构独具一格，先以单个英雄故事为主体，上一个人物故事结束时，由事件和场景的转换牵出另一个人物，因人生事，开始下一个故事，就好像一个个环，环环相扣，环环相生，形象生动地塑造了一系列鲜活生动的英雄形象。

《水浒传》从19世纪开始传入欧美，最早的德文译名是《强盗与士兵》，法文译名是《中国的勇士们》。英文译本有多种，最早的

七十回译本定名为 *Water Margin*（意为"水边"），由于出现最早和最贴近原名，这个译名往往被认为是标准译名。美国女作家、1938年诺贝尔文学奖得主赛珍珠将《水浒传》翻译为 *All Men Are Brothers*（《四海之内皆兄弟》）。意大利人把《水浒传》中花和尚鲁智深的故事取出译成《佛牙记》。德国翻译了杨雄和潘巧云的故事，译名是《圣洁的寺院》。而武大郎与潘金莲的故事，德国人则译成了《卖炊饼武大的不忠实妇人的故事》。德国人还翻译了晁盖、吴用等人智取生辰纲的故事，译名有两个，一个是《黄泥冈的袭击》，另一个是《强盗们设置的圈套》。英国翻译了《水浒传》中林冲的故事，译名是《一个英雄的故事》。

梁山好汉这个队伍比较多样，有皇室贵胄与草莽英雄、下级军官与上级司令、贩夫走卒与财主农夫，还有杀猪的、喂马的、烧砖的、算卦的、卖艺的、开店的，五花八门，形形色色。

我将《水浒传》分成四个部分给大家讲述，分别是第一部梁山头令那些事、第二部英雄是怎样炼成的、第三部好汉的成长故事、第四部梁山能人启示录。

正所谓"火车跑得快，全靠车头带"，领导者是成功的关键，所以在《水浒智慧》的第一部中，我们要专门讲讲水泊梁山的几位领导人物。梁山有三位领导人：及时雨宋江、托塔天王晁盖和白衣秀士王伦。我会运用现代的管理学、心理学和博弈论来分析这几位领导人身上的一些经典故事，从中总结和提炼一些对我们今天的工作、生活有借鉴意义的规律。

赵玉平

目 录

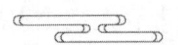

第一部 梁山头领那些事儿

第一讲 危机发生之后   3

第二讲 交朋友的奥秘   21

第三讲 日常交往的策略   42

第四讲 宋江的领导才能   63

第五讲 逆境中的自我调整   85

第六讲 相逢何必曾相识   104

第七讲 领导团队有底气   123

第八讲 心服口服有诀窍   142

第九讲 宋江不是接班人   162

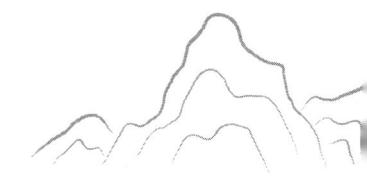

第一部
梁山头领那些事儿

《水浒传》是一部关于英雄和梦想的奇书，描写了梁山好汉的侠肝义胆、万丈豪情；《水浒传》是一部充满人生感悟的不朽作品，让我们透过风云变幻的人物命运、跌宕起伏的故事情节了解和掌握为人处世的高超智慧与能力。

当下，我们经历着日新月异、高效便捷的生命体验，然而在速度与激情中，我们常常一筹莫展，深感困惑与无助。面对生活中的诸多压力，我们该如何保持一个良好的心态？身在职场，奋力打拼，我们该怎样与他人和谐相处？身为领导，我们又该如何赢得下属的尊重，打造出一支高效、奋进的团队？《水浒智慧》或许能为你找到一把开启心门的钥匙。

在《水浒传》中，宋江是毫无争议的男一号，此人身材矮小，其貌不扬，可以说是要形象没形象，要武功没武功，然而在英雄辈出的水泊梁山，宋江却受到众好汉的一致推崇，稳坐第一把交椅，风风火火成就了一番大业。那么宋江管理团队的能力从何而来？面对突发的意外事件，他又是如何从容面对的呢？

第一讲

危机发生之后

生活中有一种现象，就是不确定性，即明天会发生什么、下一秒会发生什么，我们都无法提前知道。但是，不确定性能给我们带来快乐，比如：我们都相信明天会更好；我们都相信，只要努力，一切皆有可能。

不确定性也给我们带来了挑战。无论我们的准备有多么充分，还是会有各种无法预知的意外发生。生活就是这样，有惊喜就会有惊吓，收获羡慕的时候也会遇到陷阱。一旦遇到意外，我们就需要具备一种特殊的能力——应变能力。今天我们的话题就要从梁山好汉宋江的应变能力说起。

话说北宋徽宗年间，山东省郓城县县衙当中有一位押司，姓宋名江，表字公明。押司是帮助县令处理文案公务、日常事务的重要属吏，相当于办公室主任一类的职位。宋江是个什么样的人呢？《水浒传》中是这样描述的：

眼如丹凤，眉似卧蚕。滴溜溜两耳垂珠，明皎皎双睛点漆。唇方口正，髭须地阁轻盈；额阔顶平，皮肉天仓饱满。坐定时浑如虎相，走动时有若狼形。年及三旬，有养济万人之度量；身躯六尺，怀扫除四海之心机。上应星魁，感乾坤之秀气；下临凡世，聚山狱之降灵。志气轩昂，胸襟秀丽。刀笔敢欺萧相国，声名不让孟尝君。

这个眉眼的描述正是暗合卧蚕眉丹凤眼的相貌，让人想起关云长的相貌，暗示了宋江的忠义禀赋。施耐庵写道："坐定时浑如虎相，走动时有若狼形。"宋江的形象用四个字总结：虎狼之相。这个描写告诉我们，宋江不光有忠义特点，而且还手狠心黑。这两个特点结合在一起，就展示了宋江个性特征的全貌。另外，宋江广交天下豪杰，所以接下来，宋江就在一个平常的日子里遇到了意想不到的考验。

宋江在郓城当地是个颇有影响力的人物，他因为扶危济困乐于奉献，在江湖上积累的美名，所以虽然身为小吏，也算一个地方名人、草根英雄，深受县令的信任，大权在握，身边又有一群江湖的豪杰，一呼百应。不过有一句话，认识了五湖四海的朋友，就会遇到五湖四海的事情。一个人朋友多了，各种各样的烦恼和挑战也随之而来。

这一天中午，刚刚午时，现代时间也就是十一点刚过，县衙里结束了一上午的忙碌，知县大人退堂，各班各房的师爷属吏差役都出去吃午餐了。宋江当值，稍做了一点儿安顿，就带了个随从自二堂走出来。就在这样一个再平常不过的中午，宋江遇到了一个足以改变自己一生命运的巨大挑战。生活就是这样，意外总是不知不觉发生的。

当时宋江带着一个伴当，走将出县前来。只见这何观察当街迎住，叫道："押司，此间请坐拜茶。"宋江见他似个公人打扮，慌忙答礼道："尊兄何处？"何涛道："且请押司到茶坊里面吃茶说话。"宋公明道："谨领。"两个入到茶坊里坐定，伴当都叫去门前等候。宋江道："不敢拜问尊兄高姓？"何涛答道："小人是济州府缉捕使臣何观察的便是。不敢动问押司高姓大名？"宋江道："贱眼不识观察，少罪。小吏姓宋名江的便是。"何涛倒地便拜，说道："久闻大名，无缘不曾拜识。"宋江道："惶恐！观察请上坐。"何涛道："小人是一小弟，安敢占上。"宋江道："观察是上司衙门的人，又是远来之客。"两个谦让了一回，宋江坐了主位，何涛坐了客席。宋江便叫："茶博士，将两杯茶来。"没多时，茶到。两个吃了茶，茶盏放在桌子上。*

何涛拜宋江的原因有两个：一个是宋江声名远扬，另一个是礼下于人必有所求。

一阵寒暄之后，何涛说明了来意。宋江道："观察到弊县，不知上司有何公务？"何涛道："实不相瞒押司，来贵县有几个要紧的

---

* 本书中出现的《水浒传》原文均引自中华书局于2005年3月出版的《水浒传》，此版本由李永祜在容与堂版本的基础上整理而成。本书中引用原文的文字用法与当今流行汉字使用标准略有出入，编辑时遵照原文，未作改动。下文不再提示。——编注

人。"宋江道："莫非贼情公事否？"何涛道："有实封公文在此，敢烦押司作成。"宋江道："观察是上司差来该管的人，小吏怎敢怠慢。不知为甚么贼情紧事？"

何涛接下来就把案情告知了宋江，宋江这一听可是吃惊不小。

何涛道："押司是当案的人，便说也不妨。弊府管下黄泥冈上一伙贼人，共是八个，把蒙汗药麻翻了北京大名府梁中书差遣送蔡太师的生辰纲军健一十五人，劫去了十一担金珠宝贝，计该十万贯正赃。今捕得从贼一名白胜，指说七个正贼都在贵县。这是太师府特差一个干办，在本府立等要这件公事，望押司早早维持。"宋江道："休说太师处着落，便是观察自贵公文来要，敢不捕送。只不知道白胜供指那七人名字？"何涛道："不瞒押司说，是贵县东溪村晁保正为首。更有六名从贼，不识姓名。烦乞用心。"

宋江一听，心里咯噔一下，冷汗就冒出来了。他心想，自己跟晁盖是好朋友，没想到他做了这么一件惊天动地的大案。而且这要是被抓住，那不光是死罪，而且得满门抄斩，本人得千刀万剐。宋江下定决心，一定要救出自己的好朋友。

生活中，当遇到突发事件时，一些人往往因为着急上火而乱了方寸，最终导致忙中出错，给事业和生活带来不良的影响。宋江就面临着这样的严峻考验，此时，如果不能把这十万火急的坏消息传递出去，好友晁盖将必死无疑。然而上级派来的差役就在眼前，怎样才能摆脱何涛为晁盖通风报信呢？面对这个突发事件，宋江会采取怎样的应变策略呢?

宋江接下来想了三个策略、一个方案。

策略一：顺着讲结果，逆着讲条件

各位注意，在与人打交道的过程当中，我们会遇到一种状况，就是主动权在对方手中，我们自己是被动的，没办法控制局势、影响对方。在这种被动的情况下，这种顺着讲结果、逆着讲条件的策略，就非常有效。

顺着讲结果就是对计划的结果表示支持，逆着讲条件就是对计划的实现过程或者方法表示反对，提出更改意见，从而影响这件事的流程和进度。宋江用的就是这个方法。在不占优势、不掌握主动权，又必须左右事情发展方向的时候，这个策略很有效。

宋江心内惊慌表面上却很镇静，稳住了捕快何涛。《水浒传》第十八回的描写完全展示了宋江的心机和策略。首先对于捉拿晁盖这件事，宋江表示完全支持，上来就给晁盖定性："晁盖这厮奸顽役户，本县内上下人没一个不怪他。"接着对结果表示支持："这事容易。瓮中捉鳖，手到拿来。"

宋江都说完了，再提出对于办事过程的不同想法："只是一件：这实封公文须是观察自己当厅投下，本官看了，便好施行发落，差人去捉。小吏如何敢私下擅开。这件公事非是小可,勿当轻泄于人。"

何涛很高兴:"押司高见极明,相烦引进。"

宋江接着编造出一个顺理成章的借口:"本官发放一早晨事务,倦怠了少歇。观察略待一时,少刻坐厅时,小吏来请。"何涛道:"望押司千万作成。"宋江道:"理之当然,休这等说话。小吏略到寒舍分拨了些家务便到。观察少坐一坐。"何涛道:"押司尊便,请治事。小弟只在此专等。"稳住了何涛,宋江这才起身出来准备给晁盖等人去送信儿。

策略二:松着外面,紧着里面

宋江起身,出得阁儿,先做两个准备工作。

第一个,吩咐茶博士道:"那官人要再用茶,一发我还茶钱。"

第二个,离了茶坊,飞了似跑到下处。先吩咐伴当去叫直司在茶坊门前伺候,"若知县坐堂时,便可去茶坊里安抚那公人道:'押司便来。'叫他略待一待"。

把这两件事安排好了,宋江才出城去给晁盖送信。

关于送信这一段,《水浒传》当中有一小段非常精彩的描写,四十多字,都写得极其传神。"宋江拿了鞭子,跳上马,慢慢地离了县治。出得东门,打上两鞭,那马不剌剌的望东溪村撺将去。没半个时辰,早到晁盖庄上。"

这是非常精彩的描写,"慢慢地离了县治"表现了宋江考虑周全,为了掩人耳目,不引起旁人注意,所以要慢慢出来,悄悄离开。

出了县城以后,看到四野无人,接下来怎么办?出得东门,宋江打上两鞭。注意,一个动作叫"打",打上两鞭。这两鞭打得狠,那匹马不剌剌的一下就撺了出去。这个动词是"撺",从马的一个撺的动作,你就能估计出宋江这两鞭子打得是够狠的,体现了宋江的着急。但是在这么急的情况下,宋江还能慢慢地出了东门,说明宋江这人办事沉稳老辣,能控制住自己的情绪。一个做大事的人,不管遇到怎样意外的情况,情绪都要平稳,得控制住自己的心慌意乱。宋江的从容稳定,是让人佩服的。

那么请问大家,事到临头的时候,保持从容到底有什么意义?心理学有研究,人们的基本行为就是两个环节:一个叫刺激,另一个叫反应。比如:我捏你一下,你说疼,这就属于刺激-反应;风吹一下你觉得冷,也是刺激-反应;别人看你一眼,你心里想,怎么这么看我,有病啊!这也是刺激-反应。每个人在刺激-反应当中,都有可能出现过火行为。

我给大家讲一个学生当中出现的过火行为的例子。有一位研究生,他的同学从国外回来,打电话请他去机场接人。小伙子打了个车到机场,准备接同学。到了之后,小伙子发现航班晚点,就在机场等着。他坐在候机大厅里，百无聊赖地玩手机，等人。"三大慢"——等人、坐船、生孩子，越急越慢，越等越慢。正在这儿等着呢，就看那个斜对角的自动扶梯缓缓地出来一个人，是一个漂亮女生，旁边带着一个大号箱子。这小伙子闲着，一看这女生还带着箱子，明显拿不动。小伙子一看机会来了，整了整衣服，调了调笑容，笑眯眯地走上去说：您好，需要帮忙吗？女生挺客气，想：真好，没出机场就有人帮忙，于是笑眯眯地说：哎呀！正愁拿不动呢，那谢谢你了。小伙子二话不说，伸手就拿箱子。女生说：里边有书，很沉。小伙子说：没事，我有的是力气。接着就抓住箱子，本来准备很潇洒地扛在肩膀上，结果没想到箱子真沉，到了半道就拿不动了，只好夹到胳肢窝底下。小伙子咬着牙，铆着劲儿，夹着箱子走。他心想，不能在别人面前丢人，大话已经说出去了。结果正往前走呢，女生在后面就说了一句特刺激人的话：你看，我说沉吧，你还不信，拿不动你就滚吧。小伙子一听这话，火冒三丈；怎么着，我帮你拿箱子，你瞧不起我，你让我滚，你不就长得漂亮点吗，有什么了不起的！小伙子把箱子往地上一放，两眼冒火，一脸怒气。女生很震惊，后退半步，眨眨眼睛，一跺脚，赶紧解释：对不起，对不起，别误会，我的意思是你拿不动，你就用箱子的轮子，往前滚这箱子吧。

各位，每一个中国人听到"拿不动就滚吧"这句话，他也不会想到滚的是箱子，因为在中国人的表达方式中，每次听到"滚"，一定认为主语是自己。这就叫刺激-反应。小伙子一听到"滚"这个字，想到的是让自己滚，马上就生气了，所以就有了过火的行为。

因此，我们每个人的行为，都要符合一个公式：刺激－理解－反应。当遇到一个刺激的时候，你得先理解。理解完了以后，你再慢慢反应，别上来就拍桌子瞪眼睛。世界上最痛快的事，就是拍案而起；但世界上最让人后悔的事，绝对也是拍案而起。

从容能给我们留出足够的空间，所以为什么很多重要的事，我们更愿意请老同志去办？老同志有生活阅历，见得多、经得广，不管出现什么意外，都能从容应对。人这么一从容，有了理解空间，办事就不会过火。中国俗语叫"一忙三慌一急三乱"，你要是忙了急了，事情很快就乱套了。不管出现什么情况，我们都得从容镇定，任凭风浪起，稳坐钓鱼船。

这个策略叫"松着外面，紧着里面"。不管心里有多着急，都能控制住言行，不把心情写在脸上，喜怒不形于色。

不到半个时辰，宋江眼见着就已经到了东溪村。

在进村之前，宋江调整状态，然后就使出了第三个应变的策略。

策略三：急着说事情，缓着说人情

什么叫"急着说事情，缓着说人情"呢？当事情出现意外的时候，我们得赶紧应对这个事情，应对挑战。

这时，关于人际关系和人情世故，我们就得暂时放到一边。管理学有个基本规则，突发事件不能用常规手段去应对。虽然宋江是一个特别在乎人际关系的人，但此时此刻，他必须先把人际关系放在一边，先得把事情的核心问题解决了。所以宋江冲进了晁盖那个庄院，晁盖正跟智多星吴用、入云龙公孙胜、赤发鬼刘唐这几个人一起喝酒。一听说宋江来了，晁盖赶紧出门去迎，上来之后，跟宋江就寒暄：宋押司，我想你好几天了，你怎么才来？另外，晁盖还想介绍自己的好朋友，说今天家里面正好有几个英雄好汉，我来给介绍一下。晁盖一要寒暄，二要介绍朋友，这叫人情优先。但宋江就急了，宋江那叫事情优先。宋江说：大哥住口，现在有惊天动地的要命事，见朋友的事先搁一边，我给你说件重要的事。宋江就把济州府捕快已经到了郓城县，准备捉拿晁盖这一层意思告诉了晁盖。晁盖很震惊，第一，没想到白胜叛变了；第二，济州府来得这么快；第三，宋江真有办法，能把那个捕快稳住，来给我报信。在震惊之余，晁盖就不如宋江了，他有点儿慌乱。宋江赶紧告诉他，收拾金银细软，大件东西、固定资产全都不要了，抓紧时间赶紧走，天黑之前离开，就能逃得性命。说完之后，晁盖还接着做错误的事情，还是人情优先。晁盖拉宋江到后院，说：你看，那是吴用吴先生，这位公孙胜先生，惯会呼风唤雨。宋江平时要遇到这种英雄豪杰，他得多么热情，得认认真真跟人聊两句。此时此刻，宋江面沉似水，满脸平静，只是略微点点头、拱拱手，说我赶紧得回去。为啥呢？那边还坐着一个何涛喝茶呢。所以宋江翻身上马，一转身一溜烟就走了。

在树下喝酒的几个人都挺纳闷，都听说宋江惯爱结交江湖朋友、天下的英雄，怎么今天见面就这么冷淡呢？大家很意外，但是这份冷淡，却是宋江的高明。我们刚才说了，突发事件不能用常规手段去解决，不能按常规方式，非常之事就要用非常之法。宋江用的就是非常规手段，快去快回，不纠缠细节小处。虽然和七星是初次见面，以宋江平时的风格，肯定是要寒暄一番，摆下酒席好好沟通一下感情的。但是，当时不一样，情况紧急。管理学的基本原则就是：

> **智慧箴言**
>
> 紧急的事情，不能按照平时的常规流程办理，否则容易出现意外。

特事特办，急事急办，宋江根本就没有时间和旁人寒暄。

在县官面前，宋江再次运用拖延策略为晁盖争取时间。那边县令已经升堂了；这边何涛已经不喝茶了，站到门口。茶博士挡了一道，没挡住，何涛出了大门。宋江那个值班的下属正在跟何涛解释。宋江滚鞍下马，朝何涛拱手说：何观察，县令已经午休结束，我家里有点小事，稍微处理一下，现在你我二人赶紧向县令去汇报这个惊天大案。于是宋江牵着何涛就进了后堂。

县令就问：这人是谁，有什么事？宋江就把案情简单介绍了一下，然后回头跟何涛说：何观察，你直接讲。何涛就把给宋江说的那一套话，又跟县令从头到尾说了一遍。县令噌一下就站起来了，这个事情是东京太师府里督办的事，是生死攸关的事，是决定自己前途命运的事，所以县令也急了。宋江向前禀道："奉济州府公文，为贼情紧急公务，特差缉捕使臣何观察到此下文书。"知县接来拆开，就当厅看了，大惊，对宋江道："这是太师府差干办来立等要回话的勾当。这一干贼便可差人去捉。"宋江道："日间去只怕走了消息，只可差人就夜去捉。拿得晁保正来，那六人便有下落。"

正是因为宋江给晁盖争取了足够多的时间，所以才让晁盖和刘唐、公孙胜、吴用逃脱了追捕。

我们回过头想一个问题，中国有两句俗语，常在河边走，哪有不湿鞋；总走夜路，一定会遇到鬼。就是不管一件事情，你办得有多么滴水不漏、八面玲珑，还是难免会发生一些小意外。宋江也是这样，你看这件事情，处理得周周到到、妥妥帖帖，把所有环节都想到了，但是意外还是会发生。一个事情的风险分为事前风险、事中风险和事后风险。现在宋江解决了事前风险，控制住了事中风险，但是事后风险依然非常严重。因此宋江必须还有一个解决方案：善后处理方案。真正会做事情的人，不光事前有预案，事中有办法，事后还得有善后。宋江就准备了善后方案，这个方案起作用了。

俗话说"瓦罐不离井口破，大将军难免阵前亡"，干一行有一行的风险，干一件有一件的风险。宋江也明白这个道理，自己虽然春风得意，但是保不准哪天就出了问题。做事情有事前风险、事中风险和事后风险，事情过后一定要有一个事后风险防范的善后解决方案。

解救晁盖的整个过程，宋江做得可以说滴水不漏。不过，事后的风险和灾祸依旧像夏天的雷雨一般，不知不觉就朝宋江扑过来了。

分析起来，其实是三个看似不相关但是又密切关联的因素，促成了灾难的发生：一是刘唐送信，二是宋江疏忽，三是阎婆惜要挟。

刘唐来送信送的是感谢信。晁盖等七人逃脱了朝廷的捉拿安全上了梁山，并且一举火并了王伦，晁盖做了梁山大寨主，这一切说到根上，都要归功于宋江的舍死报信。因此，晁盖等人特意委托刘唐向宋江表示感谢，并且带了很多金条，最重要的是带了一封感谢信。

大家想想，这个事情要不要写感谢信？私放劫匪之后，劫匪专门写来一封感谢信。这明显就是考虑不周全，无端增加了很多风险，万一信被别人看到甚至是拿到怎么办？

谍战片中，重要的消息都是看在眼睛里，记在脑子里，然后把文本烧掉。这才是正确的风险管理。

晁盖等人已经暴露了身份，在被全国通缉的情况下，给衙门口里当高管的宋江写一封亲笔信，有本人落款签字，有过程的具体描述，这跟自我检举也没有多大区别了。所以，当时晁盖等人的斗争经验还是不多，根本没有想到事情会有什么风险。

智慧箴言

管理学的主张是：风险不是独立因素造成的，风险是一些因素相互影响组合而成的。

单独一封感谢信不会造成什么问题,就怕是其他因素联合起作用。所以在风险管理过程中,我们一定不能单独只看某一个因素,要把这个因素放在一个系统中,用发展变化的眼光去看。

> **智慧箴言**
>
> 判断风险,就是判断联系,判断变化。

接下来,这个联系可就来了,宋江带着装有书信和黄金的招文袋来见阎婆惜。

阎婆惜此时已经心里有人了,是谁呢?快马张三张文远,县衙公务班里的一个小帅哥。所以阎婆惜看宋江,那是一千个不顺眼,一万个不顺眼。宋江要在阎婆惜家里过夜,那张三他就来不了,阎婆惜是一百万个不乐意。所以那眼睛是狠的,那脸是阴的,那话是不阴不阳的,她也不搭理宋江。不过宋江是英雄,所谓的大英雄,有山一样的肩膀、海一样的胸怀,怎么可能跟一个风流女子去计较呢?宋江的原则就是:你喜欢我,咱们就在一起;你不喜欢我,爱喜欢谁就喜欢谁。我今天来错了没关系,我也不跟你计较,在这里对付一宿,天亮我就走了,以后我不来了不就行了吗?宋江是这么想的,就在这儿忍着。可是大家想,英雄在外受惯了别人的尊敬、崇拜,回到家里边,被这么一个女子指指点点给脸色看,那心里委屈啊!宋江憋着这个委屈,在阎婆惜处忍到天亮。天刚亮,宋江收拾东西。除了委屈,他心里还有什么呢?还有感慨。当年阎婆惜母女,在难中自己伸手相救,她们是多么感恩,又是多么热情,曾经对我多么好。一旦变了心,就这么冰冷,这人心真是难测。宋江揣着委屈,怀着感慨收拾东西,注意力就有点分散,神情就有点飘忽。

宋江收拾了东西,就下得楼来,正走到街上,手一摸,脚一跺,坏了!招文袋没带。关键是招文袋里边还有书信和金子。金子无所谓,书信白纸黑字写着呢。所以大家看谍战片,都有个基本原则,不留书面的东西。用眼睛看,用脑子记,不写到纸上。宋江这一跺脚,白纸黑字写着,透露出去怎么办?所以宋江赶紧上得楼来,准备拿招文袋。

刘唐送信,宋江疏忽,这两件事相结合还不足以出风险。下面就结合了第三件事,灾难就发生了。第三件事是阎婆惜动了心思,动了不良的心思。宋江刚走,这阎婆惜也挺不痛快。你想一想,这身边躺一个黑不溜秋、看着特不顺眼的人,那能痛快吗?宋江走了,阎婆惜透出一口气,他总算是走了。起来收拾东西就发现,宋江留下来一个招文袋。阎婆惜打开一看,白纸黑字,你个黑三郎黑宋江,你原来跟梁山贼人是有勾勾扯扯的。正想着整死你呢,现在机会就来了。所以阎婆惜的打算就是:金子我要了,要挟宋江写个文书,跟我断绝了关系;另外拿着这封信,以后什么时候想要钱,就跟他谈谈这事。阎婆惜心里就有底了。宋江上得楼来,阎婆惜开始跟宋江讲条件。这两个人越说越急,最后情急之下,宋江一刀就杀了阎婆惜。这一回就叫宋江杀惜。

杀了阎婆惜之后,宋江就摊上了人命官司,昨天还是县里抓贼捕盗的押司,今天就变成被别人抓的逃犯了。

一个人一旦身陷困境、面临危险，通常会想到三件事情：一是脱，二是躲，三是逃。一是解脱相关的人，安顿牵挂的人；二是要安置临时避难之处，躲过最危险的时刻；三是寻个安全之处长期安身，做长远打算。宋江早给自己设计好了三个应急方案。

第一，解脱方案是忤逆文书。宋江提前就设计了解脱之法，让宋太公假告忤逆。公人领了公文，来到宋家村宋太公庄上。太公出来迎接，至草厅上坐定。公人将出文书，递与太公看了。宋太公道："上下请坐，容老汉告禀；老汉祖代务农，守此田园过活。不孝之子宋江，自小忤逆，不肯本分生理，要去做吏，百般说他不从。因此老汉数年前，本县官长处告了他忤逆，出了他籍，不在老汉户内人数。他自在县里住居，老汉自和孩儿宋清在此荒村，守些田亩过活。他与老汉水米无交，并无干涉。老汉也怕他做出事来，连累不便，因此在前官手里告了执凭文帖，在此存照。老汉取来教上下看。"众公人都是和宋江好的，明知道这个是预先开的门路，苦死不肯做冤家。众人回说道："太公既有执凭，把将来我们看，抄去县里回话。"

第二，躲避方案是佛堂地窖。县令派遣朱仝、雷横两个都头前来捉拿宋江。朱仝自进庄里，把朴刀倚在壁边，把门来拴了，走入佛堂内，去把供床拖在一边，揭起那片地板来。板底下有条索头，将索子头只一拽，铜铃一声响，宋江从地窖子里钻将出来。见了朱仝，吃那一惊。

朱仝道："公明哥哥，休怪小弟今来提你。闲常时和你最好，有的事都不相瞒。一日酒中，兄长曾说道：'我家佛座底下有个地窨子，上面放着三世佛。佛堂内有片地板盖着，上面设着供床。你有些紧急之事，可来那里躲避。'小弟那时听说，记在心里。今日本县知县差我和雷横两个来时，无奈何，要瞒生人眼目。相公也有觑兄长之心，只是被张三和这婆子在厅上发言发语，道本县不做主时，定要在州里告状，因此上又差我两个来搜你庄上。我只怕雷横执着，不会周全人，倘或见了兄长，没个做圆活处。因此小弟赚他在庄前，一径自来和兄长说话。"

第三，安顿方案是柴进庄园。朱仝表面上是捉拿，其实是来帮助宋江的。兄弟二人商议下一步的去路。朱仝道："休如此说。兄长却投何处去好？"宋江道："小可寻思，有三个安身之处：一是沧州横海郡小旋风柴进庄上；二乃是青州清风寨小李广花荣处；三者是白虎山孔太公庄上，他有两个孩儿，长男叫做毛头星孔明，次子叫做独火星孔亮，多曾来县里相会。那三处在这里踌躇未定，不知投何处去好。"朱仝道："兄长可以作急寻思，当行即行。今晚便可动身，勿请迟延自误。"宋江道："上下官司之事，全望兄长维持，金帛使用，只顾来取。"朱仝道："这事放心，都在我身上。兄长只顾安排去路。"

然后两人一合计，这三个人当中谁最有资源？答案是：小旋风柴进。他是黑白两道、水旱两路通吃的人物，去他那里最安全。所以朱仝告诫宋江，事不宜迟。现在管理学都讲时间管理，时间管理有个重要原则，当天的事当天办，想到了立即行动。后来搞管理的人把这个原则总结成八个字,叫"日事日毕,日清日高"。太阳落山之前赶紧动手,这叫行动效率。

打发走了朱仝,宋江跟兄弟宋清就收拾了家里的金银细软,拿了朴刀向父亲告别,连夜一路向北,沿着山东官道,就去投沧州横海郡的小旋风柴进。这一去不要紧,宋江就遇到了一位惊天动地的传奇英雄,上演了一出英雄爱英雄、好汉惜好汉的水浒佳话。这位水浒英雄是谁呢?我们下一讲接着说。

第二讲

交朋友的奥秘

《水浒传》中谁的朋友最多？毫无疑问便是宋江。说来也奇怪，无论宋江遇到多大的困难和麻烦，立即会有朋友站出来，拼尽全力帮他过关，最终在众多好汉朋友的拥戴下，宋江成为雄霸一方的梁山头领。宋江这人要文没文，要武没武，形象更是一般，然而就是这位"黑宋江"，却令众多江湖豪杰恭敬有加，即便是在他遭遇灾祸的时候，也有人愿意为他两肋插刀，渴望与他交人交心交朋友。那么宋江在做人做事上，究竟有哪些独到的地方？我们从宋江交朋友的高超智慧中，又能获得怎样的启发呢？接下来我们就分析一下。

各位回忆一下，在上小学和初中的时候，你有外号吗？我记得我在上小学的时候，同学们都会玩一个游戏，甚至一个恶作剧，就是给别人起外号。大家会发现，孩子们刚上小学的时候特别爱给同学起外号，这其实是一种适应新环境的反应行为。周围人多了，关系就复杂了，为了短时间记住更多的人，我们通常会把一个人的特点浓缩一下，形成一个方便好记的标签。这样方便认识，方便记忆，也方便交流。起外号也能起得精彩、起得漂亮，有一本小说因为起外号而家喻户晓、老幼皆知，它就是《水浒传》。

细节故事：宋江的绰号

宋江的名号在《水浒传》里最多，共有四个。第一个是黑宋江，因为他长得面黑，身材比较矮，这是就他的形体来讲的，其貌不扬。

第二个是孝义黑三郎，讲的是他对待父母，讲究孝道，他的孝道贯穿到他的思想当中，成为他思想的一部分，并且是他的思想的一个很重要的支撑点。

第三个是呼保义。这个词一直到今天，大家都无法把它解释清楚。有一种解释说，保义是南宋时候武官的一个称呼，叫保义郎。"保义"本是宋代最低的武官名，逐渐成了人人可用的自谦之词。"呼保义"这个词是动宾结构，宋江以"自呼保义"来表示谦虚，意思是说，自己是最低等的人。另外一种解释说，"保"就是保持的保；"义"就是忠义的义，"保义"即保持忠义，"呼"的意思就是大家都那样叫他。大体上说,"呼保义"这个词实际上讲的是宋江对待国家的态度。

第四个是及时雨。该名号讲的是他仗义疏财,扶危济困,这在后面他陆续和兄弟们的交往中能够看得出来。

那押司姓宋名江,表字公明,排行第三,祖居郓城县宋家村人氏。为他面黑身矮,人都唤他做黑宋江。又且于家大孝,为人仗义疏财,人皆称他做孝义黑三郎。上有父亲在堂,母亲丧早。下有一个兄弟,唤做铁扇子宋清。自和他父亲宋太公在村中务农,守些田园过活。这宋江自在郓城县做押司。他刀笔精通,吏道纯熟,更兼爱习枪棒,学得武艺多般。平生只好结识江湖上好汉;但有人来投奔他的,若高若低,无有不纳,便留在庄上馆谷,终日追陪,并无厌倦;若要起身,尽力资助。端的是挥霍,视金似土。人问他求钱物,亦不推托。且好做方便。每每排难解纷,只是周全人性命。如常散施棺材药饵,济人贫苦,周人之急,扶人之困。以此山东、河北闻名,都称他做及时雨。

简单总结一下,宋江有两个特点。

第一,文武兼备,结交好汉,平生只好结识江湖上好汉。但有人来投奔他的,若高若低,无有不纳,便留在庄上馆谷,终日追陪,并无厌倦;若要起身,尽力资助。端的是挥霍,视金似土。

第二,好行方便,扶危济困。人问他求钱物,亦不推托。且好做方便。每每排难解纷,只是周全人性命。如常散施棺材药饵,济人贫苦，周人之急，扶人之困。及时雨这个绰号最为形象地反映了宋江为人处世的特点。在农业社会里，百姓最大的牵挂是庄稼的长势和收成，最盼的事情莫过于天上来的及时雨。

规律分析：利他行为的来龙去脉

宋江这种仗义疏财、扶危济困的行为，在管理学上称为利他行为。

这种行为大致可以分为两类：交换行为和价值行为。如果行善的目的是获得更大的利益，这就是交换行为；如果行善是为了实现自己的价值观和社会理想，这就是价值行为。举个例子：吃东西的时候，不剩饭、不掉饭粒，如果是为了节约粮食，这就是交换行为；如果不仅是为了节约，还为了实现价值观，即使不缺粮食也不可以浪费，浪费可耻，浪费违反我们的价值观，这就是价值行为。

智慧箴言

中国人处世常常有一个很重要的原则：行善看动机。如果纯粹是为了获得更多的回报、更大的好处，那么即使有了帮助他人的行为也不算真正的善行，只能算是一种超前投资而已。

《论语》里有一句精彩的话："吾欲仁斯仁至矣。"当你真心想行善做一个好人的时候，你就已经是一个好人了，这份不带任何功利色彩、发自内心地成全他人、帮助他人的动机难能可贵。

宋江认认真真、随时随地去帮助他人，这种行为到底是为了谋求更多利益的超前投资，还是出于内心的理想信念价值观呢？

这个问题很多人都有不同看法，所谓仁者见仁，智者见智。肯定宋江的人都认为他是出于善良仁义，讨厌宋江的人都认为他是工于心计，收买人心。

我个人认为，《水浒传》的作者在塑造宋江这个人物的时候，用了那么多笔墨去描述他成全别人、帮助别人的行为，肯定是想弘扬其正面意义、积极意义。有很多人会觉得，一心一意成全别人、为别人付出，这不是很傻吗？

其实，进一步的研究发现，在成全别人的过程中，自己会有两种特殊的收获。

第一个收获：帮助别人可以提高自己的生活质量

为什么这么说呢？有专家做过研究。在一个敬老院里，选两组老人，一组老人，安排他们养花或者养鱼；另一组老人，只让他们欣赏花和鱼，不让他们养。过了一年左右的时间，养花养鱼的老人和不养花不养鱼的老人，他们的生活和身体状态有没有变化？养花养鱼的一组老人，他们的精气神更足，身体更健康，思想状态、情绪状态都更好。照顾弱者，能提高人们的幸福感。所以做慈善，是能增加幸福感的。养点花、种点草，关心一下小动物，就能提高人们的幸福感，道理就在这里。之前我在讲三国的时候，给大家讲过一个规律：

> **智慧箴言**
>
> 什么是快乐？索取带来的满足叫快乐。什么是幸福？付出带来的满足叫幸福。

遇到的每一个人，我们都努力地去帮他一下，哪怕给他一声鼓励，给他一个微笑，这也是获得幸福感的基础。所以总帮助别人的人，他自己的生活质量会比较高。

第二个收获：帮助别人可以获得无形资产

帮助别人的人，从主观上讲，生活质量比较高；从客观上讲，会积累一种特殊的东西，叫无形资产，比如品牌、声誉、形象、信用。无形资产是最宝贵的资产，有了这些东西，有了品牌效应，我们再去做产品，那就比较容易了。所以，做奉献的利他行为，从客观上讲，对事业也有好处。

很多事情，可以成为结果，但是不能成为原因。比如，因为帮助别人，我们自己积累了无形资产品牌声誉，后来我们因此产业发展了，挣了很多钱。挣钱是我们行善的结果，但是它不可以成为我们行善的原因。作为结果，它是高尚的；作为原因，它就是卑微的。俗话说"但行好事，莫问前程"，讲的就是这个道理。

帮助别人也是成全自己，因为宋江喜欢扶危济困、结交好汉，所以当他自己身处困境的时候，周围的人也给了他无私的帮助。在离开郓城县来到沧州横海郡的时候，宋江受到了柴大官人的热烈欢迎。场面的热烈程度连宋江自己也没有想到。《水浒传》第二十三回这样描述：

当下庄客引领宋江来至东庄，便道："二位官人且在此亭上坐一坐，待小人去通报大官人出来相接。"宋江道："好。"自和宋清在山亭上，倚了朴刀，解下腰刀，歇了包裹，坐在亭子上。

那庄客人去不多时，只见那座中间庄门大开，柴大官人引着三五个伴当，慌忙跑将出来，亭子上与宋江相见。柴大官人见了宋江，拜在地下，只称道："端的想杀柴进！天幸今日甚风吹得到此，大慰平生渴仰之念。多幸，多幸！"宋江也拜在地下，答道："宋江疏顽小吏，今日特来相投。"柴进扶起宋江来，口里说道："昨夜灯花报，今早喜鹊噪，不想却是贵兄来。"满脸堆下笑来。宋江见柴进接得意重，心里甚喜。便唤兄弟宋清也来相见了。柴进喝叫伴当："收拾了宋押司行李，在后堂西轩下歇处。"柴进携住宋江的手，入到里面正厅上，分宾主坐定。柴进道："不敢动问，闻知兄长在郓城县勾当，如何得暇，来到荒村弊处？"宋江答道："久闻大官人大名，如雷贯耳。虽然节次收得华翰，只恨贱役无闲，不能勾相会。今日宋江不才，做出一件没出豁的事来。弟兄二人寻思无处安身，想起大官人仗义疏财，特来投奔。"柴进听罢笑道："兄长放心！遮莫做下十恶大罪，既到敝庄，但不用忧心。不是柴进夸口，任他捕盗官军，不敢正眼儿觑着小庄。"宋江便把杀了阎婆惜的事，一一告诉了一遍。柴进笑将起来,说道:"兄长放心,便杀了朝廷的命官,劫了府库的财物,柴进也敢藏在庄里。"说罢,便请宋江弟兄两个洗浴。随即将出两套衣服、巾帻、丝鞋、净袜,教宋江弟兄两个换了出浴的旧衣裳。两个洗了浴,都穿了新衣服。庄客自把宋江弟兄的旧衣裳,送在歇宿处。

柴进邀宋江去后堂深处,已安排下酒食了,便请宋江正面坐地,柴进对席,宋清有宋江在上,侧首坐了。三人坐定,有十数个近上的庄客,并几个主管,轮替着把盏,伏侍劝酒。

这一喝酒不要紧,就喝出了一个惊天动地的大英雄。我们分析一下宋江结交英雄好汉的基本策略。

策略一:高调展示,低调交往

柴进再二劝宋江弟兄宽怀饮几杯,宋江称谢不已。柴大官人热情啊,拉了十几个庄客,宋江坐到主座,柴大官人是对坐,宋清旁边相陪,十几个庄客轮流把盏劝酒。这小酒从中午喝到下午,从下午就喝到掌灯,宋江就喝得有点儿晃悠。

各位注意,大部分人喝酒有五种状态。

第一种人一喝酒脸就红,这种人叫走血。换句话说,缺少一种蛋白酶,一喝脸就红。

第二种人一喝酒脸就黄，甚至发白发青，这叫走肝，一喝酒脸发黄、发青，出冷汗，这都很伤身体。所以，饮酒要适度，过度了就是灾难。一旦喝酒喝得有以下三种状态就不能喝了：第一种是脸发青、出冷汗；第二种是头上一冷一热，发凉发麻；第三种是手指肚发黑，表示脑血管可能会有问题。所以出现这三种情况，那赶紧得歇着，说明过量饮酒，伤身体了。

第三种人一喝酒就上厕所，这叫走肾。上完厕所回来还能喝。

第四种人喝酒时有什么状态呢？一喝酒话就多。平时闷葫芦，一句话没有，一喝酒，除了陈芝麻烂谷子的事，还能讲个段子，说个笑话；这还不过瘾，到KTV里点首歌再吼两嗓子，之后还能喝。这种人叫走气，把酒气泄出来以后又能喝了。

第五种人最简单，一喝酒就犯困，这叫走神。睡醒后精神足了，他又能喝了。

那喝酒最要命的是什么呢？一个走气的人，碰到一个走神的人——这哥们儿要说，那哥们儿要睡；这哥们儿唱起来，那哥们儿已经睡着了。

宋江喝酒就属于第三种，所以宋江站起来拱拱手说：柴大官人，告个方便，我去一下厕所。柴大官人说：出门往右走，你去吧。柴进安排一个庄客点着一个灯笼，带着宋江就出了门。宋江心想，这酒喝得太多了，我绕个大弯子，走着水路躲两杯酒。所以宋江特意绕了一个大弯，走到东廊之下，借着灯烛的光，就远远地见到东廊之下蹲着一个彪形大汉。这哥们儿可怜，上身的衣服前面露着胸脯，裤腿一长一短，脸色蜡黄，哆哆嗦嗦。这么冷的天无处可去，他在东廊之下点了一堆火在那儿烤火。宋江感叹：这天下几家欢乐几家愁，我们在宽敞明亮的房间里边喝着酒吃着菜，但是你看人家，就过着这种可怜的生活。所以我们中国人，有一个做人的原则，路遇可怜人，能帮就帮，如果不能帮，你要从人家眼前快步通过。如果你在人家面前得意扬扬，那是不太好的。

宋江的原则就是：他这么可怜，我又帮不了他，我从他眼前快步通过。但是喝完了酒，脚底下没根，越怕什么越来什么。宋江想，别踢他火盆，别踢他火盆，别踢他火盆。想着想着，一脚把大汉火盆就给踢了。大汉嗷一声就蹦起来了叫道：好你个滥人，你们喝酒吃肉不找我也就算了，我在这里烤个火，你还要踢我火盆，这么作弄我，我还能饶得了你？大汉抡起拳头就要打宋江。这一拳头要打下去，能把宋江给打死。

庄客拦也拦不住，劝也劝不住，宋江是躲也躲不了。正在僵持的时候，柴大官人从堂上出来了，一看两个人要打，赶紧给拉开了介绍，这边介绍说：你知道这人是谁吗？这人是宋江宋公明啊，大名鼎鼎的黑三郎。那边介绍，这大汉是谁呢？就是水泊梁山顶天立地一等一的大英雄，武松武二郎。

我们知道，武松是顶天立地的大英雄，但是在《水浒传》所有的英雄里，武松出场是最悲惨的。人家喝酒吃肉，武松只能烤火取暖。武松那么大的本事，他怎么混到这种地步呢？这符合中国人常说的两句话。这两句话用到武松身上特别合适。

第一句，性格决定命运。一个人有什么样的性格，就会遇到什么样的事。大家经常会在社交网络上看到一句签名，"爱笑的女生，运气一定不会差"。为什么呢？有乐观阳光的性格，她一定会遇到好事的，性格决定命运嘛。我们身边有人总倒霉，倒霉一次是偶然，他总倒霉，一定有倒霉的性格。

第二句话，可怜之人必有可恨之处。你别看武松有本事，他这性格有一个特别可恨的地方，就是心高气傲，瞧不起别人。喝点酒借酒发疯，张嘴就骂，举手就打。本来是来投奔柴大官人的，可是在庄上借酒发疯，抡拳头打人，伤了很多人的心，伤了很多人的身体。这些庄客对武松大有意见，然后就到柴大官人面前搬弄是非。所谓人言可畏。搬弄是非的人多了，柴大官人对武松就有点看法了。而武松对柴大官人的态度反而很傲慢，所以最后大英雄就落到了这个地步。

武松一听说是宋江，不好意思了，说：哥哥，这大水冲了龙王庙，我刚才对你多有得罪。武松话都说不完整了，跪在地上不肯起来。宋江刚才被他羞辱，差点儿被他拿拳头打，但是宋江不记仇，态度很好，笑眯眯的，双手搀着武松说：贤弟，久仰你大名，今天一见，你真是个英雄，咱哥们儿有缘啊。所以宋江受别人的捧，受别人的夸，但宋江自己不摆架子，作为一个有影响力的人，不能太把自己当回事，走到哪儿都嘚瑟。所以，对于一个人来说，如果人人都说你了不起，就说明你努力奋斗有成果了。如果你觉得自己很了不起,那说明你退步了,思想滑坡了。

我们身边的朋友有多种,大部分人都属于一般朋友,只有极少数人才有可能成为挚交。在《水浒传》中,作为梁山头领,宋江与身边的很多人都有着深厚的感情,并与他们结为了生死兄弟,比如李逵、花荣、吴用、武松等。那么,为什么兄弟们会对宋江如此叹服?这其中一个很重要的原因便是,宋江在主动满足朋友的需求上,做得非常得体,非常到位。那么,具体到武松的身上,宋江又是怎么做的呢?

策略二:交人交心,不看要求看需求

人们往往嘴上会提出一些要求,但是这些要求未必是他真正的需求,真正的需求经常隐藏在要求背后。所以在和别人打交道的时候,我们要认真地去理解对方的需求,努力地去成全、去满足,不要因为表面的要求而忽略了背后的需求。即使那些嘴上不提要求的人,也是存在着明显需求的。

认识武松之后,宋江做的第一件事就是自己掏银子,给武松做了几身好衣服。为什么要给武松做衣服呢?大家知道,人人皆有名利之心啊。乾隆跟纪晓岚在长江边的山上,放眼望去,长江上一片白帆,有来有往。乾隆就问纪晓岚,你说这些船上都装了什么东西?纪晓岚说,长江上所有的船,无非就装两件事,一个是名,一个是利。这叫天下熙熙,皆为利来;天下攘攘,皆为利往。名利之心人皆有之。但是请各位注意，名利名利，名在利前边，人们对名的追求往往比对利的追求还要强烈。所以有些人一张嘴就是我不要钱，我不在乎钱。不在乎钱的人，不一定不在乎名，英雄就是这样，英雄不在乎钱，但是英雄要形象，英雄要名声。要树立形象名声，第一步就得改善个人形象。

武松在柴大官人庄上久受冷落，没有银钱，身上穿着破衣烂裳，早上出去吃早点都得拿手挡着脸，怕丢人。所以宋江很贴心，先满足武松对名的需求，帮他改善形象。

改善形象之后，第二步叫投其所好。武松爱喝酒，爱展示自己的本领。所以从此以后，宋江每次有酒场都要带上武松，让武松坐自己旁边，别人捧宋江，宋江捧武松。这叫众人捧领导，领导捧英雄，这样的组织才有前途。

宋江上来就介绍武松说：各位兄弟，这位是我兄弟武松武二郎。这么大拳头，是可以打死老虎的。我这兄弟，为人忠义，侠肝义胆，而且武功卓绝。这把武松夸得甚是高兴。所以宋江不光满足了武松对名的需求、对形象的要求，而且能够抓住武松的心理，能够投其所好。

第三件事，武松人际关系不好，所以从此以后，宋江走到哪里都带着武松，教武松见什么人说什么话。大家注意，《水浒传》原著中，武松自小没了爹娘。人们最开始的人际关系是在家庭中学习的，是在跟爹娘的交往中建立的。自小就没有爹娘的人，就没人教他人际关系、为人处世,所以他在人际关系上就会过火,会说不该说的话,这属于成长不充分。所以宋江就扮演了爹娘的角色,回过头来再教武松,怎么为人处世。人得长两个本事:第一,做事的本事;第二,做人的本事。所以,武松要名利,宋江帮他改善形象。武松喜欢喝酒,宋江投其所好,给他心理上的满足。武松缺乏社会技能,宋江帮着他,长知识,长本事,引导武松进步。

所以我们给宋江总结四个特点,叫成其所需,投其所好,有名有利,引导调教。大家看看这样的领导有多么贴心。人和人的交往,有很多切入点,但是高效、高质量的交往都是围绕需求和爱好展开的。和英雄交朋友,一定要满足他的需求,支持他的爱好,这样的交往速度快、效率高、效果好。

武松虽然与宋江刚见面不久,但是他们的心已经贴得很近了。不过大家会发现一个问题,人与人的关系很微妙,即使很贴心了,走得很近了,但总觉得隔着一层窗户纸,就是捅不破。大家看我们身边有些同事,对桌坐了十几二十年,但总觉得还有一层窗户纸,就是没法把关系处得更加亲密。从亲切到亲密,中间是有一个跨越的。武松跟宋江已经很亲切了,但还没有达到生死兄弟亲密的程度。怎样解决这个问题呢?这就引出了宋江的第三个策略。

策略三:借助关键事件升华感情

我们在工作中会发现一个规律,日常交往拉近距离,关键事件升华感情。两个人关系比较亲切了，拉近距离了，但是没有关键事件，感情升华不了，还只能是普通朋友。为什么很多精彩的爱情故事都是在飞机场、火车站、战场上、病床前发生的，就是因为只有关键事件才能升华感情。一般来讲，关键事件有以下三日，即生日、节日、病日。对方生日的时候、过节日的时候，你出现一下，关心一下，他会很感动。再就是对方生病的时候，你出现一下，关心一下，就特别容易升华彼此间的感情，提升关系的紧密程度。

所以，很多女孩要跟男孩升华感情了，就会早晨给他打电话说：上课我不能去了，你替我记笔记吧，我病了。小男孩年轻啊，没有社会经验和人际关系技巧，拿着电话就说：哦你病了，那肯定是这两天变天，你受风寒了，注意多喝水，注意休息啊，笔记我给你记好了。

大家想想女孩什么反应？两个字，木头！那你说男孩应该怎么办呢？人家说我病了，你应该赶紧冲到楼下，一手拿早点，一手拿药，往楼上送啊！你不知道她吃没吃早点，没关系，吃没吃是她的问题，买没买是你的问题。关键时刻，你得出现在现场，这样才能发展感情。如果没有生日、节日、"病日"，怎么办呢？抓住"一来一往一亲自"也能拉近人和人之间的关系。"来"就是迎来，"往"就是送往，"亲自"就是亲自接送，关键是迎来要快，送往要慢，一接一送一定要亲自出场。

宋江就等到这个迎来送往的亲自出场的机会了。武松在柴家庄住了几天，就得到一个消息，自己的哥哥武大郎在山东清河已经落脚了，卖炊饼，娶了美女潘金莲，过上了滋润的日子。武松很替哥哥高兴，决定去山东清河看望自己的哥哥嫂子。

说到这里我插一句，人生很多事情真是意料不到的，人生当中有很多灾难，是以幸福的方式开始的，比如武大郎娶潘金莲这事。你知道结婚的晚上，这武大郎有多开心？感谢老天爷，娶了这么一个如花似玉的大美女，但是他就没有想到，这件事是灾难的开始。所以，找员工讲的是匹配，找对象讲的是般配。离了这个原则，有时候表面上的好实则会带来灾难。

武松听说哥哥已经娶亲了，要去看望哥哥，所以就要告辞离开。分离的时刻来临了，关键事件就发生了。宋江决定亲自去送。武松穿了一件红袖袄，戴了一个白毡帽，背着包袱，拿着哨棒。那武松长得帅，《水浒传》原著上写武松，"身躯凛凛，相貌堂堂""胸脯横宽""语话轩昂""心胸胆大""骨健筋强"。大英雄跟柴进告辞出得庄来，迎面就看见宋江。武松挺惊讶说：哥哥，你这是干什么？宋江说：贤弟你要走，我得来送啊。这迎来送往，我得亲自出面。武松说：哥哥，你那么忙，庄上事那么多，你就别来送我了。宋江说：不不不，贤弟，我一定得亲自送，咱俩走吧。

两个人就出来了。武松跟宋江商量：哥哥，咱们是骑马是坐轿，还是赶车？咱们怎么走？宋江说：咱俩步行就好，你看天色尚早，时间充裕，咱俩缓步而行吧，哥哥有几句贴心话要跟你说。

我们每个人都有迎来送往的经历，殊不知，这简单的"迎来送往"也大有学问。为什么朋友们对宋江的评价如此高,就是因为他在与朋友迎来送往的时候,非常注重细节。这里请大家注意一个基本规律。

智慧箴言

迎来要迎得快,送往要送得慢。

接一个人的时候,我们一定要接得快。为什么迎来要迎得快?原因有三。

第一,展示我们准备充分,做事情效率高。你去接一个人,人在机场等一个小时了,司机还没到,这是工作效率啊,所以迎得快展示我们效率高。

第二,展示我们要见到对方的迫切心情。来得快,去得快,走得快,接得快,展示了我们希望尽快见到对方的迫切心情。

第三,对方舟船劳顿,鞍马辛苦,迎得快一点儿,安排好住宿让他赶紧休息。所以我们提醒大家,接人的流程要尽量高效,要尽量简化,如果对方没吃饭,你可安排他吃些便饭,然后赶紧送他去休息。进了房间别长篇大论,站到门口简单两句话,明天早晨八点钟早餐,七点五十来接您,您赶紧休息。倒退两步把门关上,这就得了。这叫迎来要迎得快。

那送往呢?送往就和迎来相反,一定要送得慢。为什么呢?第一,展示我们做事情周到充分。你下午两点的飞机,咱们十一点走,周到充分,路上还能吃个午餐呢。第二,送往送得慢,展示我们依依惜别的心情。所以,有些人没经验,送客人走的时候,派个秘书坐副驾驶,这秘书一个劲儿催司机快点。这司机抢一个红绿灯,又抢一个红绿灯,还一边抱怨,这路怎么这么堵。这么急躁地送客人,那客人心想,这是觉得我烦了,想把我赶紧送走。所以送往得送得慢,展示我们依依惜别之情。第三,送往送得慢一点,彼此有交流空间,可以聊聊个人的私事,增进一下个人感情。这几天光聊公事了,周围人多眼杂,也没有聊聊私事。车上有空间了,双方可以尽情聊一聊。所以送往要送得慢。

宋江的情商很高,他当然知道这个道理。所以宋江跟武松说:贤弟别着急,好山好水你我好兄弟,咱俩缓步而行,哥哥跟你说两句贴心话。武松说:好。这宋江、宋清和武松三个人,就出了柴家庄。大家注意,在场的还有一个人,宋江的兄弟铁扇子宋清。宋江的行事原则是,重要的事,带着自己的兄弟参加,这叫拉兄弟一把,结交英雄得带上宋清。出了柴家庄,已经走出七里了,宋江也说了一路,但要命的是武松是传统的大英雄,功夫很高,嘴上很笨,不爱说话。走出七里地,全是宋江一个人说,武松都不怎么说话。宋江说着说着都很恍惚了,回头确认一下,这有人没人啊,怎么一点反应也没有。最后到七里地拐角处,武松说了一句话:哥哥,天色不早了,你回去吧。宋江心想,回去?我回去这半天工夫就白费了,还没升华感情呢,咋能回去?宋江说:贤弟,天色尚早,再送一程。又送出三里地。大家注意,已经送出十里地了。武松说:哥哥,已经十里了,天色不早,你回去吧。宋江情急之下一抬头，看到不远之处酒旗招展，路边有个小酒店，宋江有了主意。各位注意，心理学研究，日常交往当中，人们要拉近感情，最简单的手段是什么？就是请他吃饭。因为吃东西方便交流，情绪放松，容易增加满意度。不能满足他的心，你就满足他的胃，一起吃东西就有机会升华彼此的感情了。宋江当然了解武松爱吃什么，爱喝什么。宋江说：贤弟，你看远处有个酒馆，咱们去喝点。武松走得口里焦渴，腹中饥饿，正想喝两杯酒。所以武松说：哥哥，那咱们去吧。兄弟三人进了酒馆，有荤有素点了一桌子，上了酒水，武松闷头就吃喝。宋江不动筷子，他开始回忆过去。

策略四：回忆过去，唤醒感情

感情的本质是什么？感情的本质就是四个字：回忆关联。所谓有感情就是有回忆，所以感情可以消失，回忆没了，感情就消失了。有人跟我说：老师，我失恋了，我一想过去就难受。你别想过去。有时候，你并非在乎那个人，你在乎的只是一段美好的回忆。同理，感情可以创造，你要想跟一个人发展感情，只要有美好回忆就可以了。我们一起去看香山红叶、泰山日出、黄山云海，爬千年古寺，登万里长城，在生日夜晚点燃蜡烛，对着满天星星许下美好心愿。你要记住，在双方的所有美丽时刻，都有你这张脸出现，那么对方一定会对你产生感情的。这叫回忆关联。

宋江跟武松那是有回忆资源的，是有共同美好回忆的。宋江看着武松吃，就跟他说：贤弟啊，今天你就要走了，哥哥这心里苦辣酸甜咸如同打翻了五味罐，好多美好的回忆涌上心头，记得我们第一次见面，那是一个初冬的下午……宋江开始说过去，说着说着，大英雄就动了感情了。各位注意观察，一个人喝酒动感情地喝，跟不动感情地喝，表现完全不一样。不动感情怎么喝？表情从容，动作流畅，喝得痛快。动感情怎么喝？表情纠结，动作顿挫，喝得痛苦。这叫动感情，喝到这份儿上才能交心。

宋江说着说着，发现武松表情纠结了，动静大了，痛苦劲儿上来了。宋江发现这个火候够了。宋江从包里掏出一个小包，里边是一锭大银、十两雪花银。这在北宋年间，是一个人一年的生活费。宋江跟武松说：贤弟啊，你此去山东，山高路远，哥哥特意给你准备了这笔钱，路上花吧。大家想想，关心到这个程度，谁不动心啊，人心都是肉长的。武松眼泪"唰"一下就流下来了，跪下说：哥哥，你真是我的亲哥哥，咱们结拜得了。于是宋江、武松和宋清三个人，搂土为炉，插草为香，一个头磕到地上。从此，武松对宋江无限崇拜、无限忠诚。大家注意这里边的沟通技巧。

智慧箴言

运用回忆唤醒感情，感情是一种回忆关联，所谓有感情其实就是有回忆，通过回忆共同的美好过去，可以极大地促进感情。

宋江在关键事件当中，升华了跟武松的感情，这是非常高明的一个办法。送走了武松以后，宋江回到柴家庄，又住了几日，他突然想起了一句话，这句话是中国人的俗语，叫"久住生嫌，久吃生厌"——久居一处，再好的人也会让人嫌弃；再好的东西吃多了，也会觉得厌烦。所以宋江的原则是，我不能在这儿待太久，人无千日好，花无百日红，总见面就没感觉了。前边提到宋江有三个存身之处，一个是柴大官人处，一个是孔家庄孔明孔亮处，一个是清风寨小李广花荣处。宋江送走了武松之后，住了一段时间就从柴家庄转到了孔家庄，又住了一段时间，就从孔家庄转到了清风寨。

从孔家庄前往清风寨的路上，要路过一座大山，名字就叫清风山。这座山巍峨险峻，树木丛生，景色很美。宋江只当是游山玩水一般，没想到不知不觉就迎来了一场杀身大祸。那么，宋江是如何身陷险境的，他能不能脱身呢？我们下一讲接着说。

第三讲

日常交往的策略

在单位，我们身边有各种各样的同事，其中有志同道合者，也会有一些我们平时看不惯的人。与身边的各类同事打交道，我们究竟该注意什么？在处理人际关系方面，宋江就有自己独到的见解。不论是得意之时，还是身处困境，宋江都有一整套与人打交道的模式。正是因为心里牢记这些人际交往的策略，宋江才能在危急时刻屡获他人帮助。

正所谓"大世界小生活，大事业小日子"。世界有多大？世界很大，浩瀚无边，无穷无尽。生活有多大？生活不大，近在眼前，小桥流水，家长里短，鸡毛蒜皮。我们一辈子频繁接触的人有多少呢？大约250个。而在这些人当中，我们日常紧密联系的有多少呢？大约20%，也就是50

个人。提高生活质量变得特别简单，只要能和50个人好好相处，把关系搞得融洽就可以了。世界上有70多亿人，但是生活很小，我们只需要认认真真，善待身边人，处理好眼前事。

施耐庵先生在写作《水浒传》的时候，经意或者不经意地向我们展示了各种类型的人际关系哲学和人际交往手段，这个内容也是四大名著的共同主题。所以有人总结说，四大名著其实可以改成四档真人秀节目——

《水浒传》里找到兄弟就有未来，所以叫：兄弟去哪儿。

《西游记》里请来菩萨就有未来，所以叫：菩萨去哪儿。

《三国演义》跟对主公就有未来，所以叫：主公去哪儿。

《红楼梦》里约上妹妹就有未来，所以叫：妹妹去哪儿。

在《水浒传》里，做事情都是靠兄弟的。宋江杀死阎婆惜，负罪逃脱，这郓城县是待不下去了，就出来找兄弟。宋江先是在柴大官人庄上住了些日子，接着又在孔明、孔亮庄上住了些日子。有道是久住生厌，不可久留，接下来宋江就决定去投奔清风寨的好兄弟小李广花荣。一段畏罪潜逃的流窜生活也被宋江过得这样风生水起，如同自助游一般自在舒心。我们只好感叹，有兄弟就是这么任性。

细节故事：宋江夜走清风山

且说宋江自别了武松，转身投东，望清风山路上来，于路只忆武行者。又自行了几日，却早远远地望见清风山。看那山时，但见：八面嵯峨，四围险峻。古怪乔松盘翠盖，杈桠老树挂藤萝。瀑布飞流，寒气逼人毛发冷；巅崖直下，清光射目梦魂惊。涧水时听，樵人斧响；峰峦倒卓，山鸟声哀。麋鹿成群，狐狸结党……

宋江看见前面那座高山生得古怪，树木稠密，心中欢喜，观之不足，贪走了几程，不曾问得宿头。

看看天色晚了。宋江心内惊慌，肚里寻思道："若是夏月天道，胡乱在林子里歇一夜。却恨又是仲冬天气，风霜正洌，夜间寒冷，难以打熬。倘或走出一个毒虫虎豹来时，如何抵当？却不害了性命。"

宋江的江湖经验有限，只想到了狼虫虎豹，不曾想到还有一种比狼虫虎豹更加可怕的危险，就是拦路的强盗。

这心里一着急，脚下可就慌乱了。只顾望东小路里撞将去，约莫走了也是一更时分，心里越慌，看不见地下，踅了一条绊脚索。树林里铜铃响，走出十四五个伏路小喽啰来，发声喊，把宋江捉翻，一条麻索缚了，夺了朴刀、包裹，吹起火把，将宋江解上山来。宋江只得叫苦。却早押到山寨里。宋江在火光下看时，四下里都是木栅，当中一座草厅，厅上放着三把虎皮交椅。后面有百十间草房。小喽啰把宋江捆做粽子相似，将来绑在将军柱上。

二更时分，小喽罗一声"大王起来了"，后边闪出山寨的三位头领。

第一位，锦毛虎燕顺。见那个出来的大王，头上绾着鹅梨角儿，一条红绢帕裹着，身上披着一领枣红纻丝衲袄，便来坐在当中虎皮交椅上。看那大王时，生得如何？但见：赤发黄须双眼圆，臂长腰阔气冲天。江湖称作锦毛虎，好汉原来却姓燕。那个好汉祖贯山东莱州人氏，姓燕名顺，别号锦毛虎。原是贩羊马客人出身，因为消折了本钱，流落在绿林丛内打劫。

第二位，矮脚虎王英。左边一个五短身材，一双光眼。怎生打扮？但见：驼褐衲袄锦绣补，形貌峥嵘性粗卤。贪财好色最强梁，放火杀人王矮虎。这个好汉祖贯两淮人氏，姓王名英。为他五短身材，江湖上叫他做矮脚虎。原是车家出身，为因半路里见财起意，就势劫了客人。事发到官，越狱走了，上清风山，和燕顺占住此山，打家劫舍。

第三位，白面郎君郑天寿。左边这个生的白净面皮，三牙掩口髭须，瘦长膀阔，清秀模样，也裹着顶绛红头巾。怎地结束？但见：绿衲袄圈金翡翠，锦征袍满缕红云。江湖上英雄好汉，郑天寿白面郎君。这个好汉祖贯浙西苏州人氏，姓郑，双名天寿。为他生得白净俊俏，人都号他做白面郎君。原是打银为生，因他自小好习枪棒，流落在江湖上。因来清风山过，撞着王矮虎，和他们斗了五六十合，不分胜败。因此燕顺见他好手段，留在山上，坐了第三把交椅。

三位好汉坐定了金交椅，然后就传下一道令来，只把宋江吓得魂飞魄散。这道令就是要小喽啰给宋江开膛摘心，做一碗醒酒的人心酸辣汤。小喽啰哪管二话，上来一瓢凉水，泼到宋江的心口窝，热热的心脏一下子温度就降下来，一把牛耳尖刀就要下手。宋江绝望当中，启动了一个通关大招。

大家看《水浒传》会发现一个特别有意思的现象，就是每次宋江遇到危险的时候，他都会做一件事，就是通名报姓，揭示自己的身份。只要把身份一亮出来，马上危机就会过去。这次也不例外，一见小喽啰要下手，宋江被捆在柱子之上，仰天长叹："可惜宋江死在这里！"

燕顺亲耳听得"宋江"两字，便喝住小喽罗道："且不要泼水。"燕顺问道："他那厮说甚么'宋江'？"小喽罗答道："这厮口里说道：'可惜宋江死在这里！'"燕顺便起身来问道："兀那汉子，你认得宋江？"宋江道："只我便是宋江。"燕顺走近跟前又问道："你是那里的宋江？"宋江答道："我是济州郓城县做押司的宋江。"燕顺道："你莫不是山东及时雨宋公明，杀了阎婆惜，逃出在江湖上的宋江么？"宋江道："你怎得知？我正是宋三郎宋江。"燕顺听罢，吃了一惊，便夺过小喽罗手内尖刀，把麻索都割断了，便把自身上披的枣红纻丝衲袄脱下来，裹在宋江身上，抱在中间虎皮交椅上，唤起王矮虎、郑天寿快下来，三人纳头便拜。

宋江滚下来答礼，问道："三位壮士何故不杀小人，反行重礼？此意如何？"亦拜在地。那三个好汉一齐跪下。燕顺道："弟只要把尖刀剜了自己的眼睛！原来不识好人，一时间见不到处，少问个缘由，争些儿坏了义士。若非天幸，使令仁兄自说出大名来，我等如何得知仔细！小弟在江湖上绿林丛中走了十数年，也只久闻得贤兄仗义疏财、济困扶危的大名。只恨缘分浅薄，不能拜识尊颜。今日天使相会，真乃称心满意。"宋江答道："量宋江有何德能，教足下如此挂心错爱？"燕顺道："仁兄礼贤下士，结纳豪强，名闻寰海，谁不钦敬！梁山泊近来如此兴旺，四海皆闻。曾有人说道，尽出仁兄之赐。不知仁兄独自何来，今却到此？"宋江把这救晁盖一节，杀阎婆惜一节，却投柴进，向孔太公许多时，并今次要往清风寨寻小李广花荣这几件事，一一备细说了。三个头领大喜，随即取套衣服与宋江穿了，一面叫杀羊宰马，连夜筵席。

规律分析：管闲事的动机

才得活命又起闲心，宋江开始要摆一摆大哥的派头，管一管这几个兄弟的生活了。

矮脚虎王英从山下抢了一个妇人上山，偏要这个妇人做自己的压寨夫人。宋江看那妇人时，但见：身穿缟素，腰系孝裙。不施脂粉，自然体态妖娆。懒染铅华，生定天姿秀丽。云鬟半整，有沉鱼落雁之容。星眼含愁，有闭月羞花之貌。恰似嫦娥离月殿，浑如织女下瑶池。宋江看见那妇人，便问道："娘子，你是谁家宅眷？这般时节出来闲走，有甚么要紧？"那妇人含羞向前，深深地道了三个万福，便答道："侍儿是清风寨知寨的浑家。为因母亲弃世，今得小祥，特来坟前化纸。那里敢无事出来闲走。告大王垂救性命。"宋江听罢，吃了一惊，肚里寻思道："我正来投奔花知寨，莫不是花荣之妻？我如何不救？"宋江问道："你丈夫花知寨如何不同你出来上坟？"那妇人道："告大王，侍儿不是花知寨的浑家。"宋江道："你恰才说是清风寨知寨的恭人。"那妇人道："大王不知，这清风寨如今有两个知寨，一文一武。武官便是知寨花荣，文官便是侍儿的丈夫知寨刘高。"

宋江寻思道："他丈夫既是和花荣同僚，我不救时，明日到那里须不好看。"宋江便对王矮虎说道："小人有句话说，不知你肯依么？"王英道："哥哥有话，但说不妨。"宋江道："但凡好汉，犯了'溜骨髓'三个字的，好生惹人耻笑。我看这娘子说来，是个朝廷命官的恭人。怎生看在下薄面并江湖上大义两字，放他下山回去，教他夫妻完聚如何？"王英道："哥哥听禀。王英自来没个压寨夫人做伴，况兼如今世上都是那大头巾弄得歹了。哥哥管他则甚！胡乱容小弟这些个。"宋江便跪一跪道："贤弟若要压寨夫人时，日后宋江拣一个停当好的，在下纳财进礼，娶一个伏侍贤弟。只是这个娘子，是小人友人同僚正官之妻，怎地做个人情，放了他则个。"燕顺、郑天寿一齐扶住宋江道："哥哥且请起来。这个容易。"宋江又谢道："恁地时，重承不阻。"燕顺见宋江坚意要救这妇人，因此不顾王矮虎肯与不肯，燕顺喝令轿夫抬了去。那妇人听了这话，插烛也似拜谢宋江，一口一声叫道："谢大王！"宋江道："恭人，你休谢我。我不是山寨里大王，我自是郓城县客人。"那妇人拜谢了下山，两个轿夫也得了性命，抬着那妇人下山来，飞也似走，只恨爷娘少生了两只脚。

宋江在清风山管了一桩闲事。这桩闲事后来给他带来了若干烦恼。这件闲事该不该管呢？其实大家仔细观察会发现，身边很多人都特别爱管闲事。我们来分析一下人们管闲事的思维。一般来说，有两种动机，一个是利益动机，一个是信念动机。

利益动机就是算计成败利害，有便宜就做，有好处就干，没便宜没好处绝对不干。信念动机就是不考虑成败利害，要考虑价值观和信念，符合价值观和信念，我就做；不符合，我绝对不做。小时候我们都背诗，"锄禾日当午，汗滴禾下土。谁知盘中餐，粒粒皆辛苦"。浪费可耻，即使有了很多钱，即使腰缠万贯，我们也不能奢侈浪费。所以节约粮食是一种信念行为，不是一种利益行为。再有钱再富裕，我们也不能拿包子当足球踢。因为它违反了我们的价值观和信念。

古人一直强调"见得思义"，不义之财不可取，这是一种价值行为。我们一定要用信念动机来约束自己的利益动机。

在宋江的信念中，有两个基本原则。

第一，英雄是不能好色的。大家看整个《水浒传》的价值观，英雄可以贪财，但不能好色。

第二，扶危济困。得保护这女子啊，英雄的名节问题很重要，这女子的名节问题当然也很重要。所以宋江决定劝阻王英，这叫一箭双雕，既保护了美女，也保护了英雄。一见到王英和这个女子，聊了几句之后，宋江又发现了另一个信息。这女子自我介绍，说是清风寨知寨夫人。哎呀！宋江一跺脚，问道：你是知寨花荣的夫人吗？那女子说：不是，清风寨现在有两个知寨，文的知寨叫刘高，武的知寨叫花荣，我是刘高的妻子。宋江开始盘算了，说：这位女子是我兄弟花荣的同僚的老婆，清风寨的第一夫人。我如果把她给救了，刘高必定感激我，以后花荣跟刘高的关系就会比较好相处。我现在不光保护了英雄的名节，保护了这名弱女子的名节，还能给我兄弟改善同事的人际关系，这岂不是三全其美？所以宋江下定决心，这个人一定要救。这时就已经不是价值行为的事了，也不是信念的事了，这里还有利益和好处的事，这当然要办了。在燕顺和郑天寿的帮助之下，宋江终于把这名女子给救了下来。

救下来之后，虽然王英有点不痛快，但是也不好说什么。宋江向王英拍胸脯，说：贤弟放心，将来哥哥一定给你找一个好的。这就给后面那桩婚姻埋下伏笔了。

然后辞别了三位头领，宋江高高兴兴地前往清风寨来见花荣。

在《水浒传》中，众多梁山好汉第一次见到宋江，都会立马对他产生非同寻常的好印象，而在后续交往中，众英雄心里的好感会不断加深，最终会对宋江达到一种崇敬甚至膜拜的程度。那么宋江究竟有什么能力，让他在人际交往中如鱼得水，令各路豪杰如此看重呢？宋江在人际交往中的宝贵策略都有哪些呢？通过宋江在清风寨跟小李广花荣相处的这段时间，我们研究发现，宋江在职场当中有三个最基本的人际关系策略。

策略一：注意日常往来，善待身边小人物

宋江的全天候职场模式：上头有人罩着，身旁有人绕着，下边有人靠着，四周人人笑着，同事关系一定要搞着。

这是宋江做事的一个特色，用现代管理学的眼光来分析的话，当一个组织中，制度和规范出现了严重缺失的时候，这种人情泛滥、靠拉关系搞团伙保持稳定发展的现象就会应运而生。所以《水浒传》一开篇通过奸臣高俅被宋徽宗破格提拔这件事，也表达了一个重要的理念，就是乱自上做，天下大乱不是从底层乱起来的，而是从上层乱起来的。就是因为统治阶级在制度上、管理上不作为，瞎作为甚至胡作非为，最后才出现了天下大乱的局面。一个组织内部，光讲人情讲关系，不讲制度不讲规范，那最后的结局只能是两个字：乱套。在乱套的组织当中，为了获得足够的生存和发展空间，宋江养成了一种十分重视维护人际关系的行为模式。

宋江到了花荣寨里，受到了最热情的欢迎，享受了最高级的待遇。花荣手下有几个梯己人，一日换一个，拨些碎银子在他身边，每日教相陪宋江去清风镇街上观看市井喧哗，村落宫观寺院，闲走乐情。自那日为始，这梯己人相陪着闲走，邀宋江去市井上闲玩。

那清风镇上也有几座小勾栏并茶坊酒肆，自不必说得。当日宋江与这梯己人在小勾栏里闲看了一回，又去近村寺院道家宫观游赏一回，请去市镇上酒肆中饮酒。临起身时，那梯己人取银两还酒钱。宋江那里肯要他还钱，却自取碎银还了。宋江归来，又不对花荣说。那个同去的人欢喜，又落得银子，又得身闲。自此，每日拨一个相陪，和宋江缓步闲游，又只是宋江使钱。自从到寨里，无一个不敬爱他的。

那梯己人就有了两个好处：一是不用上班，远离公务陪着宋江娱乐，轻松；二是一切费用都是宋江支付，花荣给的银子完全都归了自己，实惠。这样的美差打着灯笼也难找啊。所以和宋江在一起，那真是人人喜悦、个个开心。

这体现了宋江做事的一个重要原则，就是善待眼前人。

给大家讲一个历史上善待身边人的著名典故。

各自为政的典故

《左传·宣公二年》记载，春秋战国时期，各诸侯国互相攻伐。郑国和宋国之间发生过一次著名的战争，史称大棘之战。这场战争之所以让后世津津乐道，并非在于战争的规模和谋略，而是在于这场战争过程的滑稽，是因一碗羊肉汤而输掉了战争（据专家考证，大棘就在现在的睢县南部的平岗、河堤二乡镇的结合地带，惠济河由北向东转弯处）。

公元前607年，郑国和楚国结盟之后为了争夺中原霸权，郑公子归生伐宋，宋国派大将华元、乐吕出征迎敌。大战之前为了鼓舞士气，宋军统帅华元吩咐厨房杀了羊做成羊肉羹汤犒劳士兵。可能是因为工作太忙，一时疏忽，分羊肉羹汤时偏偏忘了一个人，他就是主将华元的车夫羊斟。车夫见其他人吃得满面红光，心里暗气暗憋，暗暗打定了主意，决定以牙还牙实施报复。第二天，华元乘坐战车出征。宋郑两军摆开阵势厮杀起来。就在激战正酣的时候，车夫忽然一甩鞭子，驾着马车风驰电掣般向郑军的营地驶去。华元大惊，对车夫喊道："你晕头了吗？那边是敌营啊！"车夫回过脸答道："畴昔之羊羹子为政，今日之事我为政！"昨天分羊肉你说了算，今天去哪儿我说了算。翻译成现代汉语就是，我的地盘听我的！

就这样，可怜的华元研究了一晚上的兵法计谋还未施展，就稀里糊涂地成了俘虏。主帅被擒全军大乱，大棘之战的结果以宋军惨败而告终。华元被郑国俘虏囚禁，乐吕被杀。郑国缴获战车460辆。一句话总结这场战役：一碗羊肉汤引发的惨败。

这个著名典故再一次告诉我们，做大事的人一边要心怀天下人，一边要善待眼前人。千里之堤溃于蚁穴，如果疏忽了眼前人，真的有可能酿成大祸。

作为一个做大事的领导，一要心里装着天下人，这叫事业；二要心里边装着眼前人,这叫感情。一定要一手托着事业,一手托着感情。心怀天下人,也要顾得眼前人。对于身边这些端茶倒水、跑腿办事的人,宋江从来都不会亏待。如果不善待身边人,那就会出现各种问题,千里之堤溃于蚁穴,问题都是从细微处发展而来的。所以,善待身边人,那叫如鱼得水;善待上级,那叫如锅有盖。

策略二:注意班子团结,处理好上下关系

宋江还十分认真地提醒花荣,要搞好和知寨刘高的关系。

花荣对刘高一点好印象也没有。当日筵宴上,宋江把救了刘知寨恭人的事,备细对花荣说了一遍。花荣听罢,皱了双眉说道:"兄长没来由救那妇人做甚么!正好教灭这厮的口。"宋江道:"却又作怪!我听得说是清风寨知寨的恭人,因此把做贤弟同僚面上,特地不顾王矮虎相怪,一力要救他下山。你却如何恁的说?"花荣道:"兄长不知。不是小弟说口,这清风寨还是青州紧要去处,若还是小弟独自在这里守把时,远远强人怎敢把青州搅得粉碎!近日除将这个穷酸饿醋来做个正知寨,这厮又是文官,又没本事,自从到任,把此乡间些少上户诈骗,乱行法度,无所不为。小弟是个武官副知寨,每每被这厮殴气,恨不得杀了这滥污贼禽兽!兄长却如何救了这厮的妇人?打紧这婆娘极不贤,只是调拨他丈夫行不仁的事,残害良民,贪图贿赂。正好叫那贱人受些玷辱。兄长错救了这等不才

的人。"

宋江劝花荣要立足合作，把关系稳定住。宋江听了花荣的牢骚之后，便劝道："贤弟差矣。自古道：'冤仇可解不可结。'他和你是同僚官，又不合活生世。亦且他是个文墨的人，你如何不谏他。他虽有些过失，你可隐恶而扬善，贤弟休如此浅见。"花荣道："兄长见得极明。来日公廨内见刘知寨时，与他说过救了他老小之事。"宋江道："贤弟若如此，见常也显你的好处。"

宋江这样劝显示出他的三个智慧。

第一，从人际关系上看，心宽路就宽。多宽容，多肯定，小事上不要太计较。小不忍则乱大谋。心得大，得容得下别人。要想有珠穆朗玛峰的高度，先得有喜马拉雅山的宽度，如果做事斤斤计较，什么不顺眼的人都忍不了，那这队伍就没法带了，这叫心宽路就宽。

第二，从职业发展上看，锅大大不过盖子。饭是锅里做的，但是锅要举着盖子。这里有三层意思：一是要创造成功的环境；二是要防止外界的干扰；三是如果锅不举着盖，盖就不会盖着锅。

第三，从社会大环境上看，胳膊拧不过大腿。北宋年间，社会的大背景是重视文官，压制武将。大家都知道，赵匡胤黄袍加身，陈桥兵变，夺了天下，所以宋朝的基本国策，就是防止这些武将复制成功模式，万一他们也黄袍加身怎么办？你一个小李广花荣，在清风寨当这个知寨，干得好好的，人家为什么非要找一个文官来当正职，让花荣当副职，这明摆着就要压制花荣，就要牵制花荣。

提醒大家，过日子过日子，前边有一个"过"，要过日子，谁没有点小毛病，谁没有点小过失。咱们在职场上得受得了委屈，得容得下人。在宋江的劝说之下，花荣点点头说：哥哥你说的有道理。但花荣这人呢，特别顽固，虽然宋江说了，但是花荣却依然我行我素。宋江告诉花荣：你主动去找刘高，跟他说，我有一个老家的亲戚在清风山上救了你老婆。如果花荣主动说了，也没有后面那些灾难了。但是花荣嘴上答应了，心里不干，由于花荣没有主动沟通，就带来了接下来的问题。

转眼之间就到了元宵节。清风寨虽然是个小山寨，但是业余文化生活还是有的。发展是一个全面的概念，不能光搞经济，搞得天也不蓝了、水也不清了、资源都挖空了，老百姓的文化生活也枯竭了，这可是不行的。清风寨这个文化生活搞得很好，元宵佳节要搞灯会，找匠人扎起一座小鳌山，这山上要挂满一千多盏各色彩灯，然后家家门前都搭一个芦席，自己制作彩灯挂满这个芦席。整个清风寨在元宵节那天晚上，人如织，灯如海，景色极美。小李广花荣带着三五百号军汉，去维持秩序。大家注意，人一多了，得防止踩踏啊，中国人在宋代就开始注意这个问题了。花荣就带着人去弹压地面了，安排几个梯己人，陪着宋江去看灯。宋江挺高兴，换了身新衣服，装满了银子，带着几个伴儿就出了知寨府。

这一段文字《水浒传》原著写得非常精彩，施耐庵总是能在一些小事、细节上进行描写。

只见家家门前搭起灯棚，悬挂花灯，不计其数。灯上画着许多故事，也有剪采飞白牡丹花灯，并荷花芙蓉异样灯火。四五个人手厮挽着，来到大王庙前，看那小鳌山时，怎见得好灯？但见：山石穿双龙戏水，云霞映独鹤朝天。金莲灯，玉梅灯，晃一片琉璃；荷花灯，芙蓉灯，散千围锦绣。银蛾斗彩，双双随绣带香球。雪柳争辉，缕缕拂华幡翠幕。村歌社鼓，花灯影里竞喧阗。织妇蚕奴，画烛光中同赏玩。虽无佳丽风流曲，尽贺丰登大有年。

只看得宋江心旷神怡、眼花缭乱。不料想正在开心看灯之时，滔天大祸却悄悄降临了。

清风寨文知寨刘高携着妇人也来看灯。在众人当中刘高的老婆一下就认出了宋江，大叫一声：有贼人。如狼似虎的军汉冲上来把宋江拿了个结结实实，拖去堂上一顿棍棒交加，打了个皮开肉绽。幸好花荣及时赶来，凭借武艺高强吓退了防守众人，从刘高府里硬生生夺回了宋江。用一个词来形容，那真是虎口脱险。

策略三：使用回避的手段应对激烈冲突

接下来怎么办？这边花荣已经跟刘高撕破脸了，那边刘高要率人来再抢宋江。双方真要再动起手来，那可怎么办？这时候宋江的主张是息事宁人，使用回避的手段来处理激烈的冲突。宋江的基本原则很简单，如果你想在这个单位混，就不要跟上级拍桌子瞪眼睛，只要面子在，就有前途，撕破脸就没前途。所以宋江跟花荣商量:昨天晚上咱玩的是虎口脱险,今天咱们再来一个金蝉脱壳。我连夜奔清风山而去,明天刘高来跟你要人,你就说没有这个人。他说有,你就说没有。无非就是两个人打口水仗。报到上级那里也就是个文知寨和武知寨互相泼脏水的事。骂来骂去到底谁是正确的,那谁知道啊?到了这个地步,此事就比较好处理了。花荣点头同意了。

不过正所谓聪明反被聪明误,这话说得一点也不差。宋江要了一个小聪明,本以为是个神来之笔,可以迅速摆脱困境,不想却弄巧成拙,再次落入困境。

宋江出主意,先躲上清风山,然后再和刘高慢慢理论。

花荣且教闭上寨门,却来后堂看觑宋江。花荣说道:"小弟误了哥哥,受此之苦!"宋江答道:"我却不妨,只恐刘高那厮不肯和你干休,我们也要计较个常便。"花荣道:"小弟舍着弃了这道官诰,和那厮理会。"宋江道:"不想那妇人将恩作怨,教丈夫打我这一顿。我本待自说出真名姓来,却又怕阎婆惜事发,因此只说郓城客人张三。叵耐刘高无礼,要把我做郓城虎张三解上州去,合个囚车盛我。要做清风山贼首时,顷刻便是一刀一剐。不得贤弟自来力救,便有铜唇铁舌,也和他分辩不得。"花荣道:"小弟寻思,只想他是读书人,须念同姓之亲,因此写了刘丈。便是忘他忌讳这一句话。如今既已救了来家,且却又理会。"宋江道:"贤弟差矣。既然仗你豪势,救了人来,凡事三思而后行,再思可矣。自古道:'吃饭防噎,行路防跌。'他被你公然夺了人来,急使人来抢,又被你一吓，尽都散了。我想他如何肯干罢，必然要和你动文书。今晚我先走上清风山去躲避，你明日却好和他白赖，终久只是文武不和相殴的官司。我若再被他拿出去时，你便和他分说不过。"花荣道："小弟只是一勇之夫，却无兄长的高明远见。只恐兄长伤重了，走不动。"宋江道："不妨，事急难以担搁，我自捱到山下便了。"当日敷贴了膏药，吃了些酒肉，把包裹都寄在花荣处。黄昏时分，便使两个军汉送出栅外去了。宋江自连夜捱去，不在话下。

刘高用心机，提前算到了宋江要上山，半路上埋伏，再次捉拿了宋江。

再说刘知寨见军士一个个都散回寨里来说道："花知寨十分英勇了得，谁敢去近前当他弓箭！"两个教头道："着他一箭时，射个透明窟窿，却是都去不得！"刘高那厮终是个文官，还有些谋略算计。花荣虽然勇猛豪杰，不及刘高的智量。正是将在谋而不在勇。当下刘高寻思起来："想他这一夺去，必然连夜放他上清风山去了，明日却来和我白赖。便争竞到上司，也只是文武不和斗殴之事。我却如何奈何的他？我今夜差二三十军汉，去五里路头等候。倘若天幸捉着时，将来悄悄的关在家里，却暗地使人连夜去州里报知军官下来取，就和花荣一发拿了，都害了他性命。那时我独自霸着这清风寨，省得受这厮们的气。"当晚点了二十余人，各执枪棒，就夜去了。约莫有二更时候，去的军汉背剪绑得宋江到来。知寨见了，大喜道："不出吾之所计！且与我囚在后院里，休教一个人得知。"连夜便写了实封申状，差两个心腹之人星夜来青州府飞报。

在这里，宋江和花荣就犯了一个基本的错误。什么错误呢？在斗争当中，只想自己，不想对手。我们现在面临着很多激烈的竞争，有日常的竞争、外部的斗争、内部的斗争。其中有个基本哲学，大家一定要记得，站在对方的角度考虑问题——当面临斗争和冲突的时候，我们一定要学会放下自己，站在对方角度考虑问题。

给大家举个例子。著名的动画片《功夫熊猫》中就体现了这种博弈论的策略，站在对手角度考虑问题。你看，豹子是天下第一高手，而熊猫是一个没练过武功的"小白"，但是熊猫就能打败豹子，为什么？这一点是龟大师的高明。龟大师就算到，豹子练过所有的高级武功，所有高手都能打败。那站在豹子角度来看，天下没有我不懂的武功，没有我不会的绝招。那怎么办？我们就找一个没有绝招、不会武功的。三下五除二，就能把豹子打败。豹子跟熊猫过招，豹子心想，这神龙大侠吗，不就一肉包子吗？你不管出什么招，我都能把你打败。但是它没想到，熊猫第一招是拿屁股拱。豹子打死都不会想到，天下第一的决斗第一招是用屁股。你看，一下把它打败了。这叫在敌人没有准备的领域，用它不擅长的招数把它打趴下。所以，我们一定要站在对手的角度来考虑问题。

总结一下，宋江的江湖经验不足，花荣的职场经验不足，两个人的博弈经验全都不足。只有理念到位了，事业才能顺畅，职场才能成功。因为两个人经验严重不足，只想着自己，就没有考虑到对手。在这种情况下，宋江就中了刘高的圈套。

接到刘高的密报之后，青州府派遣了兵马都监镇三山黄信前来捉拿花荣。黄信和刘高定了一个笑里藏刀的计策，假意调解，在刘高府里设置酒宴，引花荣过府饮酒，等花荣一到摔杯为号，刀斧手一拥而上活捉了花荣。

说到这里，大家可能已经注意到，花荣错失了两次主动的机会：一次是主动和刘高沟通搭救他夫人的情况；另一次是主动向上级反映刘高暗害自己的情况。

所以，花荣这个人在跟上级相处的时候，特别不主动，他缺乏主动与上级交换信息的态度。现在很多年轻人、很多专家型的员工，特别容易犯这个毛病——在跟上级打交道的过程中太被动，缺乏主动精神。在领导理论中专门有一个理论，叫领导和下属交换理论。这个理论就特别强调，只有跟上级保持稳定的日常交流，上级才会信任你，才会支持你。大家看看刘高，他什么事都主动跟上级汇报，花荣就没有，所以陷入了被动。在和刘高爆发激烈冲突的时候，花荣如果抢在刘高之前向上级说明情况，就有机会化被动为主动，化不利为有利。结果花荣被刘高抢了先，刘高向慕容知府打了小报告，以致花荣的处境格外被动。

幸好在木笼囚车押往青州府的路上，锦毛虎燕顺、矮脚虎王英和白面郎君郑天寿三个好汉合力杀退镇三山黄信，解救了宋江和花荣，并且捉拿了刘高为宋江报了仇。

所以，一众好汉打点行囊，车辆浩浩荡荡前来投奔梁山。

英雄的人生，永远是起伏跌宕的，就在梁山脚下，马上就要上山了，宋江又摊上事了。小酒馆里坐着一个彪形大汉，四四方方的身材，浓眉大眼，瓮声瓮气，说要找宋江。宋江挺高兴，说：你找我什么事啊？这个大汉是石将军石勇，他掏出一封书信说：你的兄弟铁扇子宋清有书信给你，老家来信了。宋江拿过信来心里就没底了。信上无"平安"二字。大家注意过去的平安家信，在信封上先写"平安"二字，告诉你家里没什么事，让你放心，可这封信上就没有写"平安"二字，那可就让人担心了。宋江一看没有"平安"二字，心里就打鼓了，接下来打开信看了几行字，不由得大叫一声，翻身摔倒，一翻眼睛就昏过去了。

大家一看就急了，打开信，宋清写的是，宋江的父亲宋太公不久前去世了，要宋江速回郓城奔丧。宋江是个大孝子，眼见着亲爹死了，一着急，整个人就昏过去了。大家赶紧掐人中、捶后背，把宋江给弄醒了。宋江放声大哭，这山也不上了，义也不聚了，好汉也不当了，要回去找他爹。一个人只有在失去的时候，才知道亲情的宝贵。宋江收拾东西就要去给父亲奔丧，但是宋江没想到，这封报丧信背后另有蹊跷。宋江这一回去奔丧不要紧，又陷入了一个新的天罗地网。事情的来龙去脉到底是怎样的呢？我们下一讲接着说。

第四讲

宋江的领导才能

宋江每到一个地方，马上就能成为中心人物。无论即将出场的好汉如何强悍，只要一遇到宋江，马上就会心悦诚服，对他佩服得五体投地。那么宋江究竟何德何能，能够得到众位好汉如此的敬仰与爱戴？说到这一点，就不能不提宋江出色的领导才能了。自从冒险解救了晁盖等人，宋江就惹上了大麻烦，危急情况从此接连不断，甚至连小命都差点丢了。然而就在这危险关头，宋江的领导才能发挥了巨大作用。

其实大家看《水浒传》，它藏着好几个奥妙，比如：英雄的座次要怎么排？一百零八条好汉要排序，三十六个正职，七十二个副职。梁山是个弹丸之地，一个县的小公司要安排一百零八个经理、副经理，离谱吧？更离谱的是，这些候选人都不是善主儿，有很多手里提着兵刃刀刀来的，安排得好管你叫大哥，安排不好就提刀来见。各位想想，在这样的风险环境当中，宋江能把这些人安排得那么和谐，领先的不牛，落后的不闹，人人都高兴，这得有多么高的人事管理技巧啊！

这些梁山好汉为什么都服宋江？大家分析一下，梁山干部队伍有皇室贵胄、草莽英雄、江湖豪杰，形形色色，在一件事上是一致的，就是都服宋江。所以我们假设，如果梁山的这些英雄都开通微信，那么这些英雄的签名可能都是这么写的：我走过很多的桥，我见过很多的人，我喝过天下的酒，可是我只爱一个英雄，他的名字叫宋江。

细看宋江，没资源，没背景，没形象，没专业，没文，没武，没学历，用咱们现在话说，叫"七无"型人员，什么都没有居然能当老大。而且每次宋江一张嘴，天下英雄人人皆服。宋江自我介绍：我没资源、没背景，我只有一颗爱兄弟的心，我叫宋江，我为自己代言。宋江当上梁山的领导者，给我们所有的人都提了一个值得认真思考的问题：带队伍当老大凭什么？这里我们就来分析分析这个问题。

细节故事：宋太公装死

石将军石勇给宋江传来书信，是宋江兄弟铁扇子宋清的亲笔信，告诉宋江，父亲宋太公去世了，要他速速回家奔丧。噩耗传来，犹如晴天霹雳，宋江慌了手脚乱了心神，急急忙忙往家赶。一路上茶饭不思，总算回到了郓城县宋家庄。

回到了宋家庄，宋江却看到了一个特别蹊跷的场面，整个庄上一派安宁祥和。猫也不蹿狗也不跳，庄客们各司其职，安安稳稳各干各的活计。宋江正在纳闷，迎面看到兄弟铁扇子宋清从后堂出来了。这宋清吃得油光满面，穿着身鲜亮的衣服，也没有披麻戴孝，一看就知道没死爹。宋江这火就上来了，揪住宋清的脖领子开口便骂，明明爹爹健在，你偏偏给我写信，说咱爹不在了，搞得我魂不守舍，心慌意乱。原来咱爹没死，你这是要干什么？宋江气坏了，恨不得要打宋清。

宋清恰待分说，只见屏风背后转出宋太公来，叫道："我儿不要焦躁。这个不干你兄弟之事，是我每日思量要见你一面，因此教宋清只写道我殁了，你便归来得快。我又听得人说，白虎山地面多有强人，又怕你一时被人撺掇落草去了，做个不忠不孝的人，为此急急寄书去唤你归家。又得柴大官人那里来的石勇寄书去与你。这件事尽都是我主意，不干四郎之事，你休埋怨他。我恰才在张社长店里回来，睡在房里，听得是你归来了。"宋江听罢，纳头便拜太公，忧喜相伴。

说到这里，我们得分析一下。宋老太公教育儿子，有自己的一套方法和哲学。大家注意，如今在很多的小家庭里面，爸爸妈妈、爷爷奶奶、姥姥姥爷，六个人围着一个孩子，叫"非常6+1"。孩子那是一个宝啊，吃饭追着，走路陪着，上下学接着，平时宠着，不吃饭就作揖求着。我们特别强调，作为一个父亲，能否把角色扮演好对于教育孩子至关重要。我们经常能看到，爹带着孩子，大包小裹的，帮孩子拿着东西，一边走一边问：你冷吗、你热吗、你饿吗、你渴吗、你舒服吗？各位，孩子需要一个爹一个妈，孩子不需要俩妈。现在很多孩子的爹，就在扮演妈妈的角色。其实，一般来说，父亲在教育孩子当中有三个基本的角色。

角色一：在身份上要扮演冬天的角色。让妈妈来扮演春天，爹得扮演冬天，要给孩子们讲讲艰辛，带着孩子吃点苦、受点磨炼，品尝生活中的艰辛和艰难是非常重要的教育。我们现在有些家长，确实是讲艰辛讲艰难的，可是一讲就吐槽，一讲就发牢骚。这就不对了。我听过几句牢骚，爹跟儿子发牢骚，第一句牢骚说：有钱人没一个好东西。各位，他能这么说吗？将来这个孩子长大了，会形成什么样的价值观、什么样的社会态度和人生态度啊？第二句牢骚更可怕，说：人心险恶，除了爹妈没有人真心对你好。要是这样教育，孩子以后怎么交朋友？怎么跟别人建立信任关系？最要命的是第三句。有些年轻的父母，特别是父亲，学过一些哲学，遭遇过一些坎坷，后来又解脱放下了，于是他开始教育孩子。注意啊，是一个中年的父亲教育那个刚上幼儿园的儿子。父亲语重心长地说："儿子，人生就是一场场遭遇战啊！"各位，给幼小的孩子灌输这种思想，将来他还怎么生活？他怎么去追求自己的未来？所以我们特别强调，在教育孩子的时候，可以讲艰辛、讲艰难，但是请从正面的、从奋斗的角度去讲，不能光吐槽。

角色二：在交往中要扮演提要求的角色。弹簧不压一下它就不蹦，自行车没有摩擦就不能前进。孩子们也是一样，如果没有一点压力、不能推动的话，他们的人生很难前进。现在很多家长对待孩子的态度就是，你只要健康快乐就行了，我对你没有任何要求。这是在毁他，你不给他提要求，他会觉得你这不是宽松，不是民主，他觉得你对他是一种放弃。另外，要求不能母亲来提，因为妈妈扮演的是一个感情角色，提要求的话说轻了不起作用，说重了伤害感情。这个事情只能父亲来做。

角色三：在行为上扮演价值观守护神的角色。在我们的教育当中，现在比较大的问题是什么？就是技能教育代替了人格教育。孩子们花了大把时间去学习技能，进行各种形式的技能训练，家长们却往往忽略了孩子人格上的健康成长。实际上在教育当中，人格教育、价值观教育是排在第一位的。大家看《三字经》开篇说"人之初，性本善"，这是人格教育。看你怎么理解这个"本"。你可以理解成"本来"，"人性本来是善的"；也可以理解成"应该"，"人性应该是善的"；还可以理解这个"本"是一种路径，"人性是可以发展成善的"。基本的善恶价值观是一个人长大成人、在社会上安身立命的根本。在教育孩子方面，父亲要做价值观的守护神，告诉孩子应该坚守什么坚持什么，什么是善什么是恶，有些事情就算再有便宜也不能做。这是一个非常重要的过程。

宋江的父亲宋太公就秉承了这种价值观守护神的角色，而且不是空谈道理。现在很多家长，一张嘴就空谈大道理，应该怎么样，必须怎么样。这样做效果并不好，有效的方式是要借助具体的事情进行价值观教育。比如在幼儿园里，很多小事都对孩子形成价值观有帮助。不知道大家背没背过那个儿歌：排排坐吃果果，你一个我一个，园园没有来，给他留一个。这么简单的几句话里包含着轮流、分享、秩序、替别人考虑。别看这么一首简单的儿歌，这里有人生最重要的价值观。其实，发展心理学就发现，父亲是孩子世界里的第一个陌生人，孩子们跟父亲学人际关系，学社会交往，一个好爸爸要比一个好校长更重要。宋江的父亲在这方面是让人钦佩的。后来宋江身处于土匪圈中，周围全是要造反的黑社会，但是宋江自己在价值观上一直坚守底线。他这种坚守从何而来？都是少年时期、童年时期父亲给他的影响。所以提醒各位家长，当看到孩子们身上有些毛病的时候，我们首先应该反思自己。

宋太公跟宋江解释说：我怕你去落了草，落一个不忠不孝的骂名，所以才把你叫回来。宋江说：爹，您的一番苦心，我是理解的。两个人开始闲聊，就聊到另一件事，皇帝立太子了，全国大赦，罪减一级。宋江本来是个杀人犯，要抵命的，但是现在全国大赦了，宋江不用死了。老爷子跟宋江商量，说：现在如果你真的案发了，被人抓住了，顶天也就是个流放的徒刑，不会死。宋江说：这真是一个好消息。父子二人又拉了拉家常，眼见着天色将晚，宋太公说：那你回去安歇吧，也累了。父子二人心怀欢喜，各自散去。

规律分析：和父母相处的四个关键字

请大家注意，宋江本来一看宋太公没死，气非常不顺。为什么不顺？不顺在你拿什么骗人，也不该拿亲爹死这件事骗人，而且自己在江湖上，多么风险、多么艰难、多么困苦，家里人不但不给支撑，不给帮助，还背后设计小陷阱。咱们从宋江跟宋清这几句话中就能听出来，宋江是想拍桌子骂娘的。但神奇的是，一旦见到父亲，跟亲爹沟通起来之后，宋江的态度，立刻就变得特别温和。

在《水浒传》中，宋江的孝顺是出了名的。父亲宋太公采取了非常手段，把他骗回了家。虽然宋江对父亲的做法也有不满，但当父亲出现在他面前时，宋江却表现得极其温和。作为一个儿子，宋江是一个特别善于跟父母长辈相处的好孩子。这一点让我们很佩服。如今，很多家庭是独生子女家庭，孩子们成了家里的小皇帝、小太阳。有很多年轻人已经不太善于处理跟父母长辈们相处的关系了，这一点我们得学宋江。

在中国的传统文化当中，跟父母长辈相处，应该符合四个关键字，守住这四个关键字，你就守住了和谐的人际关系。这四个关键字是：顺、敬、乐、承。

第一个字，顺。顺的核心是合理化。所谓的顺，就是指我们要倾听父母的想法，落实他们的要求，合理的部分我们要照着做，不合理的部分，我们尽量朝合理的部分去理解。顺讲的是合理化。现在互联网的时代，很多年轻人获得的信息比父母多，学历比父母高，思想文化、哲学道理都胜过父母。在这种情况下，你就特别容易跟父母沟通不顺。他们一张嘴，你就告诉他们，你们落伍了，你们过时了，你们说得不对。也就是说，你总是挑他们不合理的那一部分，这就是不顺了。你不用强求父母每一句话都是对的，尽量朝合理方向去理解即可。

第二个字，敬。敬的核心是低姿态。即使你思想认识上比他们强，比他们高，在跟父母打交道的时候，也要懂得和颜悦色，微笑着去沟通，别一上来就高声大嗓指指点点，甚至骂骂咧咧，这是不对的。宋江在低姿态上做得特别好。

第三个字，乐。乐的核心是分享，就是把我们生活当中的快乐、精彩、成功，都跟父母讲一讲，跟他们分享人生的感受，给他们带来快乐。为什么很多父母见到孩子之后，特别愿意跟你聊天，特别愿意问一问，这件事你做得怎么样，那件事你做得怎么样？父母其实是想分享一下孩子们的生活感受。拿我来说，录完《百家讲坛》，顺利结束之后，我会给父母打个电话，向他们汇报一下，节目顺利完成啦，微信微博上已经有大头照了，你们去看一看吧。这个就是主动分享。儿女跟父母分享生活感受，会增加父母的快乐。

第四个字，承。承就是继承他们的事业，传承他们的思想，去做那些他们没做完或没来得及做的事情。生命是有限的，但是父母在孩子们的身上能看到自己生命的延续，当你做他们喜欢做的事情或他们想做的事情的时候，这种延续会给他们带来极大的幸福感。

以上就是和父母相处的四个关键字：顺、敬、乐、承。而合理化、低姿态、分享、传承这十个字是相处原则。

日常在和父母长辈相处的过程中，最常犯的错误是另外三个字——不耐烦。

不耐烦的故事一：爸妈打电话过来，问问你最近那个合同谈得怎么样了？你立刻截断话头说，你们也不懂，别瞎打听啊。

这就错了，正确的做法是，你要和他们分享成功的喜悦，听听他们的建议和分析，保持低姿态地请教，即使他们不太懂说了外行的话，也要合理化地去理解和肯定。这就是顺、敬、乐、承。

不耐烦的故事二：父母反复讲一件事情，孩子要注意交通安全，注意交通安全。讲得多了，你一下子听烦了，嗷的一声打断：成天絮叨，都讲了几百遍了，你们烦不烦啊！

这就错了，正确的做法是，你得告诉他们你很重视安全，你很重视他们的话，微笑着告诉他们：我知道你们特别惦记我，你们放心吧，我一定注意安全，我采取了好几个措施呢，而且每次出门我都记得你们的叮嘱。这就是顺、敬、乐、承。

不耐烦的故事三：出去吃饭回来，父母开始算计花了多少钱，抱怨饭店好贵啊，告诉你以后还是在家里吃吧。你听得不耐烦了，开始大声嚷嚷：现在大家逢年过节都出去吃，人家饭店的饭菜也不贵呀，就你们抠门。

这就错了，正确的做法是，你得告诉他们饭菜质量不错、物有所值。一家人在一起聚餐是一个特别美好的回忆，花点钱也值得。另外，你得向他们保证，一定注意勤俭节约，绝不会大手大脚浪费钱，请他们放心。你给他们讲一讲，他们自然就高兴了。所以不耐烦其实都是无心的，但是就是这份无心却往往容易伤害我们身边最重要的人。正所谓道理易讲，习气难除。一讲道理，大家都知道，但要命的是，事到临头，知道了做不到。希望我们大家都去掉自己身上的不耐烦的坏习气，能够心怀感恩，和颜悦色笑眯眯地和父母沟通。家里一团和气，外边就会有好运气、好福气。

宋江是让人佩服的，他是一个善于处理父母关系问题的好孩子。把宋太公给安顿了，把家里的事情也都布置好了，宋江躺到炕上一沾枕头就睡着了。到了后半夜，宋江正在那儿睡呢，突然听到宋家庄外边人声鼎沸、大呼小叫。一场新的灾难就在半夜降临了。

宋江成长的过程，真的是有很多波澜和坎坷。在这一次郓城县的波澜和坎坷当中，我们能看到宋江身上有三种领导者的特殊技能。想当团队领导，想带队伍做事情，这三种技能都不能缺。特别提醒现在想创业的"80后""90后"，移动互联网给我们提供了很多机遇，但是大家记住一个人生原则：要用不变的东西去抓住那些变化的东西，越是变化快的时代，我们心中越要有所坚持。接下来，我们就分析一下宋江身上具备的三个基本能力。

能力一：在被动的局面下选择合理方案的能力

我们来看《水浒传》中对郓城都头赵得、赵能包围宋家庄的描写。

天色看看将晚，玉兔东生。约有一更时分，庄上人都睡了，只听得前后门发喊起来。看时，四下里都是火把，团团围住宋家庄，一片声叫道："不要走了宋江！"太公听了，连声叫苦……

话说当时宋太公撮个梯子上墙头来看时，只见火把丛中约有一百余人。当头两个便是郓城县新添的都头。却是弟兄两个：一个叫做赵能，一个叫做赵得。两个便叫道："宋太公！你若是晓事的，便把儿子宋江献出来，我们自将就他；若是隐藏不发教他出官时，和你这老子一发捉了去！"宋太公道："宋江几时回来？"赵能道："你便休胡说！有人在村口见他从张社长家店里吃了酒归来；亦有人跟到这里。你如何说得过！"宋江在梯子边说道："父亲，你和他论甚口！孩儿便挺身出了官，县里府上都有相识。明日便吃官司也不妨。已经赦宥事了，必当减罪。求告这厮们做甚么！赵家那厮是个习徒，如今暴得做个都头，知道甚么义理！他又和孩儿没人情，空自求他。不如出官，免得受这厮腌臜气。"宋太公哭道："是我苦了孩儿！"宋江道："父亲休烦恼！官司见了，倒是有幸。明日孩儿躲在江湖上，撞了一班儿杀人放火的弟兄们，打在网里，如何能勾见父亲面？便断配在他州外府，也须有程限。日后归来负农时，也得早晚服侍父亲终身。"宋太公道："既是孩儿恁地说时，我自来上下使用，买个好去处。"

关键时刻，宋太公后悔装死骗儿子，而宋江却反过来安慰宋太公，没有抱怨，没有指责，并且告诉父亲其中的有利因素与合理因素，让父亲看到了希望。宋江当儿子当得很合格。

在宋家庄被包围的被动情况下，宋江做了一下形势判断，然后就果断地选择了投案自首。

智慧箴言

生活中每天都会有很多突发的意外情况，做事情最难的是在突发意外的情况下迅速做出行动。要想具备这样的能力，有一个基本点一定要守住，就是不能追求完美，只要结果能接受就可以，不能追求事事遂心处处如意。完美主义是人们做事情的大敌。做人做事不再追求完美，这是一个人成熟的标志，也是一个人成功的基础。

宋江简单判断了一下形势，就选择了投案打官司这个不太完美的结果，他考虑了三件事。

第一件事，阎婆惜的老妈妈已经死了，阎婆惜也死了，术语叫没有苦主，原告已经都不在了，所以不会有人再纠缠此事。

第二件事，朝廷大赦天下，自己在减罪之列，不会被判死刑。

第三件事，县衙门里都是过去的同事、以前的旧人。当年宋江是特别善于处理人际关系的，人际关系是个宝啊，一旦投案，这些人都会照顾自己的。所以宋江决定，选择投案自首这个合理的解决方案。

大家都要明白一个道理，人生充满了不如意，没有一些方案是刀切豆腐两面光，处处都让人满意的。在紧急情况下，我们要选择一个差不多的合理方案，能打六七十分就不错了，能打到八十分就相当满意了。

大家想一想，为什么我们有剩男剩女现象？很多人耽误自己的感情，耽误自己的婚姻大事，都犯了一个特别要命的错误，就是非要找一个完美的人。大家记住，世界上不存在完美的人，如果你非要找，那只能白白耽误时间。

所以宋江在紧急关头不求完美，只求满意。在这三个条件具备的情况下，打官司的结果也是有利于自己的。果然一切如愿，而且让宋江没想到的是，还有很多不相干的人也替自己出头说话。

满县人见说拿得宋江，谁不爱惜他，都替他去知县处告说讨饶，备说宋江平日的好处。"亦且阎婆惜家又没了苦主，只是相公方便他则个。"知县自心里也有八分出豁他。当时依准了供状，免上长枷手杻，只散禁在牢里。宋太公自来买上告下，使用钱帛。那时阎婆已自身故了半年；这张三又没了粉头，不来做甚冤家。县里叠成文案，待六十日限满，结解上济州听断。本州府尹看了申解情由，赦前恩宥之事，已成减罪。拟定得罪犯，将宋江脊杖二十，刺配江州牢城。本州官吏亦有认得宋江的，更兼他又有钱帛使用，名唤做断杖刺配，又无苦主执证，众人维持下来，都不甚深重。当厅带上行枷，押了一道牒文，差两个防送公人，无非是张千、李万。

江州是个鱼米之乡，那个地方待遇相当不错。所以这个官司是打也打得轻，流也流得好，说明宋江投案的选择是比较合理的。一个人懂得放下完美的目标，选择合理的方案，是成熟的标志，也是成功的基础。

宋江再一次开始了江湖之旅。此去江州，有三处惊心动魄的凶险正在等着他。我们来看看梁山好汉宋江宋公明是如何顺利过关的。

能力二：在压力环境中自我调节情绪的能力

宋江流放江州之路可是不平静的旅程，他先后受到了三次生死的考验。江州城附近有一座山岭，唤着揭阳岭。揭阳岭上有一个开黑店的强人，外号叫催命判官李立。大家听听这外号，肯定是一个杀人不眨眼的家伙。宋江和两个解差上了揭阳岭，远远望去，那山是怪石，树是怪树，人是怪人。宋江口中焦渴，肚里饥饿，也顾不得这些，进屋落座就开吃，酒端上来就喝，馒头端上来就吃。结果就中了人家的蒙汗药。李立把宋江和两个解差用蒙汗药麻倒，拖到后堂的剥人凳上。李立尖刀在手，正要下手杀人，关键时刻转机出现了。

宋江每一次出状况，都有人来相救。就像《西游记》一样，每次唐三藏出状况，都有人来相救。所以看到这里，我们已经明白一个模式，主人公一定不会死，大家就甭担心了。关键时刻，混江龙李俊来了。李俊和李立是亲兄弟，他其实不认识宋江，但李俊听说过宋江的名声，崇拜宋江的为人。李俊打开行囊包裹看到了通关的文书，上边有宋江的名字。李俊高声叫道千万别动手，这是宋大哥，赶紧用凉水把宋江喷醒了，一确认，真是宋江。兄弟两个人纳头便拜，一边磕头一边说：瞎了兄弟的狗眼，差一些害了哥哥的性命，久仰哥哥大名，今日一见三生有幸，请受兄弟们一拜。这是宋江流放江州的第一劫，顺利过了。

下了揭阳岭，就是一个镇店，叫揭阳镇。《水浒传》给我们展示的宋代的社会生活是逢山有寇、逢岭有贼、逢村就有霸。这揭阳镇上有一霸，兄弟二人唤作没遮拦穆弘和小遮拦穆春。什么叫遮拦？就是流氓会武术，谁也挡不住。那是镇上的一霸啊，谁都得听他们的。宋江跟两个解差就来到镇上，十字路口看到有一个打把式卖艺的，正在那儿练武呢，此人唤作病大虫薛永。大家注意，梁山好汉有三个人绰号带"病"字，病大虫薛永、病尉迟孙立、病关索杨雄。这个"病"字不是说自己有病，病大虫薛永，不是说薛永是个有病的大虫；这病关索杨雄也不是说，杨雄是一个得病的关索。这"病"是使动用法，使谁谁病的意思。所以什么叫病大虫呢？让老虎都头疼的人。什么叫病关索？让关索都心惊胆战的人。所以薛永一身好武艺，在那儿一练，满场喝彩，可是没人给钱。

宋江看不下去了，别人不给没关系，我给。大家注意，宋江掏钱的速度绝对比你打喷嚏的速度都快，"哗啦"一下，银子就扔到了薛永盘子里。这下不要紧，得罪人了。得罪谁了呢？得罪地头蛇那个没遮拦了。做慈善也能得罪人，这揭阳镇就是这么怪异。

镇上的穆家兄弟早就跟老百姓们都说了，谁都不要让薛永住店，谁都不可以给薛永银钱。偏偏宋江坏了规矩，这还了得，把地头蛇给惹着了。最后，宋江在整个镇子上找不到打尖睡觉的地方，出了镇子天已经黑了。这穆氏兄弟带了恶徒庄客，拿着刀枪棍棒，就来捉拿宋江。宋江带着两个解差前面就跑，这穆氏兄弟后边就追，追得宋江是上天无路、入地无门。放眼望去，一条白亮亮的大江拦着路，宋江说完蛋了，我宋江死在今天。

宋江正在这儿绝望，从那个芦苇荡深处划出一条小船。宋江一看，有救了！连忙大喊：来来来，船家，赶紧渡我们，多给你银钱。

小船靠岸，宋江就上了船，以为自己得救了，但是宋江没想到，这叫才离虎穴又进狼窝。躲了贼人，上了贼船。这个船家划着船走到江心，宋江跟两个解差在船舱里边坐着喘气，就听到划船的张大哥站在船头手持船桨，在半夜的江面上放开嗓子唱歌。唱的什么歌呢？《水浒传》原著写，驶船的张大哥唱的是"老爷生长在江边，不怕官司不怕天，昨夜华光来趁我，临行夺下一金砖"。宋江听完歌，整个人都酥软了。

宋江都给吓得站不住了，只好自我安慰，他是唱着玩儿呢。正在这儿自我安慰呢，这个划船的把上衣就脱了，露出一身横肉，圆翻着两个怪眼，阔口裂腮，手执钢刀，跟宋江和解差说道：你们几个滥人，今天晚上是要吃馄饨，还是要吃板刀面。宋江说：这位大哥，你看我都胖成这样了，夜宵我就不吃了。艄公说：你还吃夜宵，告诉你，馄饨就是你跳江里淹死，家里人落一个囫囵尸首。板刀面就是你们几个滥人不敢跳，老爷把你们按住，用快刀把你们都剁烂了。你说吧，你要吃馄饨还是板刀面。宋江就急了，说：大哥，求求你饶了我吧。艄公说：老爷外号叫狗脸张爹爹，爹也不认得，娘也不认得，只做死口，不做活口，钱要抢人也要杀，你们赶紧把衣服都脱了，我不剁你们，你们就跳下江去吧。

宋江说：我钱都给你了，你饶我一命吧，你为什么要我命呢？一下把艄公说得烦躁起来，大叫一声，跳起来揪着宋江头发，就要下刀。

注意，又到关键时刻了，就在艄公要下刀的时候，在这个浔阳江的上游来了一艘小船，箭一样地就冲下来了。两个好汉划船，一个好汉站立船头。原来是混江龙李俊，带着童威童猛，晚上睡不着觉，到江上来巡查。远远见着船家要下手，混江龙李俊跟他也熟啊，说：老张，今天有生意？这老张说：嗯，抓到两个行货，花红银子不少，今天晚上要过一个好光景。结果李俊离近了一看，就急了，这是宋江啊。李俊大吼一声：贤弟慢动手，那是集团公司宋总，你别杀啊。艄公迟疑了，你说他是谁？李俊说：他是你我二人心目中的偶像宋大哥。驶船的扳着宋江的脸看半天，说就这猪头就这货，是宋大哥，怎么长这样啊？李俊说：宋大哥本人就这样。

这个艄公不好意思了，赶紧扔了刀跪下自我介绍。原来这个人叫张横，外号船伙儿，在这江上专做抢劫买卖。通报名姓之后，张横乐呵呵地就把宋江扶起来，扶起来又按下去了。为什么呢？宋江还光着呢。张横赶紧找一条破被单给宋江围上了，围上之后把宋江扶起来了。大家想想，宋江啥心情？三分钟之前光着身子，抱着人脚求人饶命；三分钟以后，披着破被单子变宋总了，这人生的变化也忒快了。但是宋江了不起，这一转变之间，宋江的情绪就变过来了。你看刚才，痛哭流涕，抱着人脚求人家饶命，这一转眼之间，宋江气宇轩昂，面带微笑，腆着肚子，拍拍张横肩膀说：张横贤弟，你这块业务搞得不错啊。所以我们佩服宋江，佩服他这种情绪的转换能力。我们身边有很多人包括我们自己，都缺乏这种能力。

前两天我们参加论坛，碰到一企业家，主讲人在论坛上安排他第三名开讲，结果这哥们儿路上堵，耽误时间了。来了停车的时候，他在地下车库又跟那收费的拌嘴吵架。结果该他讲的时候，整个人都不好了，精神涣散，词不达意，结结巴巴，准备了两个多月的精彩演讲，就毁在当场。

我们每天都会遇到各种各样的事，比如：赵老师今天早晨来讲课的时候遇到堵车，遇到剐蹭，遇到追尾，下车的时候，过马路遇到红灯，还得慢慢等着，越着急越有事。在这种情况下，你不管眼前的事有多着急，情绪有多波动，一旦到了现场，情绪马上就得转过来，这是一个领导者的基本素质。浔阳江上结识了船伙儿张横，宋江又躲过了一劫。这一段叫宋江遇三霸：揭阳岭、揭阳镇、浔阳江。宋江在三次危急关头安全过关，并且收了七八个好兄弟。

大家注意，在我们身边，有些人是特别缺乏这种能力的，稍微遇到一点小事情就乱了方寸，话也说不清了，事也做不成了。我们真得学学宋江的情绪调节能力。即使三分钟之前是刀压脖子的惊险场面，三分钟之后照样能西装革履、面带微笑地做报告、谈人生。正所谓，明枪暗箭寻常事，惊天动地不乱心。这是宋江练就的定力，有了这样的定力，他就能够在复杂多变的环境中承担压力，把握方向，游刃有余。

能力三：在多样化的团队中满足他人需求的能力

宋江辞别李俊、张横等人，来到了江州城。这江州牢城营的管事是谁呢？这位也是日后名满天下的梁山好汉——神行太保戴宗。戴宗大高个，人长得比较瘦，长胳膊长腿，浓眉大眼，而且戴宗有一项特殊的本领，这个本领是别的英雄都没有的，他会神行之法。什么叫神行之法呢？腿上捆上几个甲马，念动咒语来去如风。跟戴宗的速度比，什么快递、闪送，那都是浮云。请问各位，中国搞快递，祖师爷是谁？神行太保戴宗，他快啊。戴宗跟智多星吴用是好朋友，吴用一封书信介绍宋江认识戴宗。戴宗早就知道宋江名声，一见到宋江纳头便拜。宋江二话不说，连书信带银子一起送上，贤弟这点钱你拿去花吧。戴宗在江州最好的酒楼设宴为宋江接风,兄弟二人在这个楼上推杯换盏,畅谈人生。正吃着,只听得楼下一片喧哗,有人打架。谁打架呢?黑旋风李逵。李逵和人赌博,欠了赌债不想还,导致了冲突,双方动手。戴宗把李逵就拉上楼来,给宋江介绍,说这是我手下一个小牢头,唤作李铁牛,大号叫李逵,江湖人称黑旋风。

宋江放眼望去,只见李逵一双怪眼,满身黑肉,铁塔一样的身材,钢刷一样的头发。李逵那头发都能刷车,太厉害了。宋江一看这是个英雄啊,赶紧说:李家兄弟你好。李逵不管三七二十一,问戴宗:哥哥,这个黑汉子是谁?戴宗说:铁牛休得出口不逊,这位就是你特别崇拜的山东及时雨,宋江宋公明哥哥。

李逵说:哈哈,莫非就是山东的黑宋江。戴宗说:你怎么说话呢?你叫声宋江大哥。所以大家看看,李逵这个人特别憨直,情商也比较低,好话都说得特难听。

确认了宋江的身份,李逵大喜纳头便拜,乐呵呵地说:哥哥,今天见你三生有幸,给你磕头了。宋江说:你为什么跟人家吵架啊?李逵说:赌钱赌输了,没本钱,差十两银子。宋江掏钱比你打喷嚏都快,二话不说,十两银子就拍李逵手里。宋江说:贤弟十两纹银拿去花吧。十两纹银不是小数目啊,看着十两银子,李逵和小伙伴们都惊呆了,这大哥出手也太阔气了。看着李逵惊诧的样子,宋江说:贤弟以后但要用钱,只管朝我来讨,哥哥有的是。李逵纳头便拜，从此对宋江无限崇拜、无限忠诚。

从宋江见武松，到宋江见花荣、见燕顺、见李逵，你就会发现，所有的英雄见面，宋江都不忘记，要钱的给钱，要物的给物，要感情的给感情，缺媳妇的送媳妇。因为送得及时到位、慷慨大方，所以他就当了一把手。

请大家记住一个规律，精神的内容得有物质的载体。你说你喜欢，你表达了吗？其实，感情是手上捧出来的，不是嘴上说出来的。我们身边有些男士，就容易忽略这个规律，出差半个月回来之后，两手空空什么都没有。家里上有老下有下小，看你两手空空，那叫老人寒心、孩子失望。这哥们儿往客厅中间一站，说道：半个月了，我都想死你们了。大家说：哼！就耍嘴皮子。多多少少带一点礼物嘛。那人问我说：老师，不会买东西，带什么给家人呢？告诉大家规律，不会买东西就买吃的，不能满足他的心，你就满足他的胃。带点吃的，有个载体才能够表达感情。

大家注意一个规律，好领导要做"送公明"。奥妙全在一个送字。这里总结一句话。

智慧箴言

依据需求带好队伍，成全别人的人，自己的成就最大。

我们大家都要学会运用载体表达感情，感情不是嘴上说出来的，而是手上捧出来的。正所谓礼尚往来，千里送鹅毛，礼轻情意重。我们要学习和借鉴宋江这种围绕需求带队伍的方法。

由于宋江懂得成全别人，懂得满足兄弟们的需求，所以到了江州之后，宋江如鱼得水，深受戴宗、李逵等人的爱戴，而且还结识了在江上把持鱼市的好汉浪里白条张顺。

宋江有个爱好，喝了酒之后爱喝上一口鲜鱼汤。张顺孝敬哥哥，特意给宋江准备了两尾上好的金色大鲤鱼。没想到就是这两尾金色大鲤鱼，给宋江带来了意外的灾难，又开启了宋江新一段倒霉的旅程。那么宋江又遇到了什么灾难呢，他又是怎样应对的呢？我们下一讲接着说。

第五讲

逆境中的自我调整

人在逆境中时由于心理压力大，常常容易干出过火的事情，给事业和生活造成损失。宋江被流放到江州，虽然受到了众兄弟的热情款待，但是流放犯的身份毕竟不光彩。在极度郁闷中，宋江无法发泄自己的负面情绪，心理负担越来越大，最终做出了极其危险的事情。

实际上，当人们遇到压力和逆境的时候，身体会调动很多潜能，反而会提升我们的状态。每个人都是朝着阻力的方向前进的，因为有阻力才有动力。因此在哲学的故事里，大家都能看到一个基本的理念，叫逆境成才。咱们老百姓的说法是"贫贱成人，富贵杀人"。我们身上的毛病，都是在荣华富贵享受的时候产生的；我们身上所有闪光的优点，都是在艰难困苦的时候磨炼而成的。

苦难是一所大学，它能成全那些坚韧不拔的人；同时，苦难也是一个筛子，它会筛掉那些意志薄弱的人。不管我们愿意还是不愿意，前进的路上总是面临着各种各样的挫折和打击，每一个成功背后都写满了血泪和辛酸。

宋江一路从山东郓城来到江州，路上饱尝了艰难困苦，数次面临生命危机。终于到达江州，又结识了一班铁哥们儿，本以为一切艰辛都已过去，好日子就在眼前，没想到一个不留神，又遇到了意想不到的磨难。身处逆境，宋江表现如何呢？

细节故事：宋江爱吃鱼

宋江在流放江州的一路上，颠沛流离，曲折艰险，遭遇了好几次生命危险，这也算是受了历练。宋江的性格变得更成熟了，对江湖的理解也更深了。来到江州以后，宋江结交了一帮铁哥们儿，催命判官李立、混江龙李俊、船伙儿张横、浪里白条张顺、没遮拦穆弘、小遮拦穆春、神行太保戴宗、黑旋风李逵。宋江以为自己在江州的生活从此进入了平静自在的状态，每天喝喝茶唱唱歌，挺开心的。正所谓阳光总在风雨后，天边挂一道彩虹。但是宋江就没有想到，彩虹旁边还有一道闪电，一不小心，灾祸就来了。

这巨大的灾祸是从一件小事开始的。哪件小事呢？就是宋公明喝鱼汤。宋江有个人爱好，就是喝了点酒之后，要喝一碗鲜辣的鱼汤醒酒。我查遍了《水浒传》也没有找到这个鲜鱼汤的配方是什么，但是我估计这鱼汤的做法应该跟现在杭州一带流行的"宋嫂鱼羹"差不多，可能辣味更重些。不过宋代的人吃不上辣椒，宋代的人那会儿吃辣，都吃的是胡椒、茱萸、姜一类的。所以我估计，这种鲜鱼汤就是鱼羹加姜丝一类的。宋大哥好这一口，兄弟们当然要成全啊。浪里白条张顺是江上鱼行的把头，手里有好多资源，专门挑两尾金色大鲤鱼送给宋公明哥哥做鱼汤喝。宋江把一尾鱼送给了牢城营的管营，另一尾鱼自己就拿来做了鱼汤。

做成鱼汤后这一口喝下去，那味道又鲜又辣，通身上下就是一个字，爽！所以宋江就有点刹不住车了，大口小口，把这一大份鱼汤全给吃下去了。吃完了以后，当天晚上就出事了，宋江开始拉肚子。用咱们老百姓的话说"好汉架不住三泡稀"，大英雄也架不住这么跑厕所，这么拉肚子是要伤元气的。一夜厕所跑下来，宋江整个人就垮了，吃早餐的力气都没有了，躺在床上就剩下哼哼了。第二天，浪里白条张顺又拿了两尾金色大鲤鱼来给宋江做鱼汤喝。

因为张顺太爱宋江了，所以就给宋江送鱼吃，结果吃鱼闹肚子，真能把人给闹死。当特别特别喜欢一个人的时候，我们得把爱收敛一点，不能他喜欢什么就给他什么，这样可能反倒害了他。

张顺又来给哥哥送鱼，结果一进屋张顺傻眼了，这才一宿的工夫，这宋公明哥哥整个人都不好了，腰也弯了，背也驼了，眼窝也陷了，脸色灰白，说话有气无力。张顺就急了，问宋江：哥哥你这是怎么了？宋江苦笑一下，指指张顺手里那鱼说：都是它干的。昨天不该贪嘴，贪吃两口鱼汤，这一宿泻肚就成这样。然后宋江嘱咐张顺说：也没什么大碍，养一养就好了，要喝一种药叫止泻六合汤。

张顺把鱼送给管营差拨，然后就去买这个药了。戴宗跟李逵就带着一大帮人来照顾宋江。但是大家知道，有多少爱也减不了你的苦，不管你身边有多少爱你的人，生老病死这些苦，你都得自己扛着。

规律分析：管住饮食管住嘴

说到这里，大家注意：宋江这个小灾星是从什么地方起来的？很简单，管不住自己的嘴。大家看看朋友圈，一般半夜十一点半左右，都会有很纠结的图片发出来，说：都已经半夜了，我现在是吃呢还是不吃呢？好吧，先吃吧，吃完再说，管不住自己的嘴啊。

贪字害人，一个贪字害了宋江的肚子，所以贪嘴就会闹肚子。贪名的人就会犯口舌，贪利的人就会打官司。万般烦恼都从一个贪字上来。人有五种不好的状态：贪、嗔、痴、慢、疑。这五种不好的状态当中，哪个状态排第一？是贪。如果缺乏自制，就会有各种各样的烦恼。所以在中国人的文化哲学中，我们认为一个人的修养，是从自制中来的，而一个人的自制是从管住嘴巴来的。你看宋江就没管住自己的嘴，他就太爱吃了。不过大家仔细看看，不光宋江爱吃，我们都爱吃，什么帅哥美女英雄好汉，外壳里边都包含着一个"吃货"。我们对吃寄托了太多，也投入了太多。整个中国文化里，对"吃"就有特殊的感情。中国人过日子，很多方面都跟"吃"有关：干工作叫混口饭吃，干得好叫吃得开，干不下去叫吃不消，干多了吃力，干急了吃紧，白干了吃亏，不知道干什么，那叫吃不准；你花女人的钱叫吃软饭，你占女生的便宜叫吃豆腐；花本钱叫吃老本，受照顾叫吃小灶；我跟你说你不听，叫吃了闭门羹，下次我不说了，叫吃一堑长一智；你说我瞎想有毛病，叫吃饱了撑的。大家想想，吃的理念、吃的哲学、吃的方法、吃的流程，渗透到我们生活中的方方面面。

道家有个说法，说过去的人都是饿死的，现在的人都是吃死的。大家想一想，高血压、心脏病、脂肪肝、动脉硬化，所以很多疾病都是富贵病，都是因为我们吃得太多，吃得太好，吃得太频繁，吃得太放肆，以致营养过剩、能量过剩。管不住嘴虽然是小事，但是它体现了一种性格深处的弱点。《菜根谭》说：吃得菜根百事可做。什么意思？一个人如果能管住自己的嘴，他就具备了做大事的基本素质。在这一点上，宋江确实是需要反思、需要调整的。他在江州活得太随意太自在了。

那宋江为什么胃口这么好呢？咱们分析一下原因。这两天，我的学生们正在激烈紧张地进行期末考试。各位在期末考试之前胃口好吗？肯定不好，这叫忧思伤脾——一旦思想负担重了，脑力劳动剧烈了，就吃不下去东西。

宋江为什么胃口这么好呢？说明他没有一点思想负担。宋江到江州被兄弟们围绕着，每天就是喝酒唱歌看风景，他的脑子里就一个念头：人活着就是要开心嘛！

宋江这个心态，有点松得过度、放得太开了。可是宋江就不想一想，他的身份还是个流放的徒刑犯，身处逆境当中，他怎么能放松得这样开、放松得这样好呢？这是不行的。宋江胃口大开，说明他已经放下了思想包袱，不想那么多的烦恼了。不过得意忘形还是害了宋江，一条好汉愣是被拉肚子给整垮了。一个人在逆境当中，要具备三种心理调节策略。

策略一：适度宣泄，控制反弹心理

在兄弟们的精心呵护之下，宋江的身体开始一点一点复原了，大鱼大肉是不能吃了。拉肚子以后，绝对不能吃大鱼大肉。那吃什么呢？小米粥咸菜条。这符合我们以谷类食物为主的这个民族身体特征。大家看"精气神"三个字，"精"字旁边是个"米"字，"气"（繁体写法）底下是个"米"字，说明"精"和"气"源于谷类食物。那天我遇到一名学生，桌子上搁一大苹果：老师我中午不吃饭了，这就是我的午饭。我瞅着苹果当时就傻了：你又不是鸟类，这东西能当午饭吗？得吃个谷类食品啊，因为它是精气的来源。我们现在很多人向西方人看齐，说话中英文夹杂，喝冰水，用刀叉吃饭，起个外国名字，把鱼肉当主食。西方民族的身体特征和生活方式跟我们是不一样的，外国女人不坐月子，头天生孩子第二天就逛街去了，中国女人肯定不行。所以实际体质不同，导致了生活方式完全不同，这一点大家要特别注意。

我们最传统的食物之一就是小米粥，它是特别养肚子养胃的。宋江每天早晨吃点咸菜，喝点小米粥，大鱼大肉都戒了，然后兄弟们再给弄点止泻六合汤，再调养调养。七天时间，身体就调养好了。

大病初愈，宋江又恢复了精气神。这天早晨宋江从晨曦中醒来，看到天蓝蓝的，阳光明媚，感觉浑身上下非常舒畅，精气神十足，他的心情就像春风里的柳树叶一样飞扬。一个人心情好的时候会做什么呢？有一个调查，心情好的时候，人们会做四件事：吃、喝、唱、说。吃美味的食物、喝点小酒、听听音乐、唱唱自己喜欢的歌曲，还有最常见的，就是约上朋友聊聊天。和好朋友一起聊天是最能够起到情绪调节作用的有效方法。女人为什么比男人长寿？一是女人遇事情可以哭；二是女人可以使劲唠叨；三是女人往往都随时可以找到倾诉对象，即使没有找到人，也可以对着各种毛绒玩具倾诉。男人呢？男儿有泪不轻弹，好男人不能唠唠叨叨，更不能对着一堆毛绒玩具表达心情。这些社会角色的限制，导致了男人在情绪调节方面落后于女人。男人更需要沟通和交流，宋江也是如此。在房间里闷了七八天，这病终于好了，一身轻松心情大好，他迫切需要沟通和交流。可是等了一天，戴宗等人也不出现，于是宋江决定上门来找朋友。

次日早饭罢，辰牌前后，揣了些银子，锁上房门，离了营里，信步出街来，迳走入城，去州衙前左边，寻问戴院长家。有人说道："他又无老小，只止本身，只在城隍庙间壁观音庵里歇。"宋江听了，寻访直到那里，已自锁了门出去了。却又来寻问黑旋风李逵时，多人说道："他是个没头神，又无住处，只在牢里安身。没地里的巡检，东边歇两日，西边歪几时，正不知他那里是住处。"宋江又寻问卖鱼牙子张顺时，亦有人说道："他自在城外村里住。便是卖鱼时，也只在城外江边。只除非讨赊钱入城来。"

可是，找戴宗，戴宗不在，找李逵，李逵不在，找张顺，张顺也不在。宋江兴奋地举着笑脸，挨个群里跟人家打招呼：你好，今天有时间，约吗？每次都是没有回音。这太郁闷了。

给大家介绍一个心理现象，叫"反弹心理"。一个人在经历过紧张和压力之后，一旦事情成功了、压力消失了，他就会感觉特别轻松。这个时候，如果没有一个合理的调节渠道，他就会忍不住去做一些很出格的事情。就好比一个弹簧被狠狠地压着，一旦把手松开，压力消失了，弹簧就会一下子高高弹起来。

比如考试结束之后，学生们采取各种释放压力的办法；紧张的工作任务完成之后，员工会有各种意想不到的庆祝行为；等等。这些出格的行为往往因为过度失控，而带来一系列问题，甚至灾难性的后果。在网上还见过毕业裸奔的、考试过关了从大桥上往下跳的，还有高考结束之后把所有的书卷都从楼上扔下来的，那场面太壮观了。这都属于反弹心理，压得太久了，一定会反弹的，而且弹不好就会出事故。

所以我们的建议就是，经历了紧张和压力，终于把任务完成了，一定要适度控制自己的行为，不要过度庆祝，要时刻提醒自己冷静。另外，要安排一些必要的沟通交流和分享，把心理的能力释放一些。

宋江现在的问题就是，心理的反弹能量特别足，但是约不到好兄弟，找不到人。宋江就开始自己寻找释放渠道了。（他）独自一个闷闷不已，信步再出城外来。看见那一派江景非常，观之不足。正行到一座酒楼前过，仰面看时，旁边竖着一根望竿，悬挂着一个青布酒斾子，上写道："浔阳江正库"，雕檐外一面牌额，上有苏东坡大书"浔阳楼"三字。宋江看了，便道："我在郓城县时，只听得说江州好座浔阳楼，原来却在这里。我虽独自一个在此，不可错过。何不且上楼自己看玩一遭。"

宋江来到楼前看时，只见门边朱红华表柱上，两面白粉牌，各有五个大字，写道："世间无比酒，天下有名楼。"宋江便上楼来，去靠江占一座阁子里坐了，凭阑举目看时，端的好座酒楼。但见：雕檐映日，画栋飞云。碧阑干低接轩窗，翠帘幕高悬户牖……楼畔绿槐啼野鸟，门前翠柳系花骢。

宋江看罢浔阳楼，喝采不已，凭阑坐下。酒保上楼来，唱了个喏，下了帘子，请问道："官人还是要待客，只是自消遣？"宋江道："要待两位客人，未见来。你且先取一樽好酒，果品肉食，只顾卖来。鱼便不要。"酒保听了，便下楼去。少时，一托盘把上楼来。一樽蓝桥风月美酒，摆下菜蔬时新果品按酒，列几般肥羊、嫩鸡、酿鹅、精肉，尽使朱红盘碟。

宋江打开窗户，看着远山近水，登高远眺，把酒临风，左一杯右一杯，左一杯右一杯，自己劝自己，喝着喝着就把自己灌了个大醉，宋江这就失控了。在逆境当中合理释放特别重要。

策略二：合理释放，调整压抑心理

受到众多好汉的尊崇和拥戴，宋江内心深处不自然地升起一股豪情壮志，然而流放犯的身份又令他备感沮丧，他只好在酒精的麻醉中，缓解内心的痛苦。压抑的人是不能喝酒的，一旦喝了会出问题，要有一个合理的释放渠道。那宋江是怎么做的呢？我们来看看。

宋江这小酒喝得脚底下发飘了，头越来越大了，整个人开始晕了。他四处看，发现这个高档会所的墙特别白。为什么这么白呢？是留给文人墨客来题诗的。过去人写诗，是没有微博微信发表的。怎么办呢？就写到墙上作为一种传播发表的形式。

宋江想，我老宋也是有文化的，我也是可以写诗的。宋江喊道：来，酒保，取笔墨纸砚伺候。酒保就把笔墨纸砚拿来，宋江研好了墨，大笔一挥便写了一首诗：

> 自幼曾攻经史，长成亦有权谋。
> 恰如猛虎卧荒丘，潜伏爪牙忍受。
> 不幸刺文双颊，那堪配在江州！
> 他年若得报冤仇，血染浔阳江口。

各位，最后这两句说得狠啊，要血染浔阳江口。施耐庵形容宋江这个人的外貌是"坐定时浑如虎相，走动时有若狼形"，说这个人是有虎狼之相的，你别看他满口仁义、一副谦谦君子的样子，那要狠起来是特别狠的。宋江这点性格的底子，今天爆发了，最后一句他写的是"他年若得报冤仇，血染浔阳江口"。那是要杀人的。

宋江写完之后手舞足蹈，喝了两杯酒之后，还觉得不尽兴，拿过笔来接着又续了四句，这四句给宋江带来了杀身之祸。如果说前一首诗是个无期徒刑，后一首诗就是个死刑。宋江这诗写的是：

> 心在山东身在吴，飘蓬江海谩嗟吁。
> 他时若遂凌云志，敢笑黄巢不丈夫！

意思是说，别看我身体在吴地，我心还在山东。虽然我在江湖上漂泊，心里是装了很多感慨很多不平，将来我要成就一番事业，一番比农民起义领袖黄巢更加辉煌的事业。写完了，宋江觉得浑身上下舒服，大笔一挥落款：郓城宋江作。落款之后，把笔一扔，题诗落款扔笔，三个动作一气呵成。宋江觉得自己很帅，但就没有想到，这两首诗给他招来了杀身之祸。

喝酒导致了宋江情绪失控，口出狂言。做人做事只要沾了一个"狂"字，就是灾难的开始，比如什么狂欢、狂喜、狂吃。宋江今天是狂欢、狂喜、狂吃、狂喝、狂饮、狂写全占遍了，灾难就发生了。其实，宋江平时的表现是，满口仁义道德，一副谦谦君子，上报国家下安黎庶。但是喝醉了酒之后，他俨然变成了一个要血染浔阳江口的仿效黄巢造反的狂人形象。这个叫酒前酒后，反差特别大。

请各位记住，凡是酒前酒后反差特别大的人，基本上都是心理有些压抑的人。大家看我们身边，有些人平时阳光灿烂，正能量、热情，见谁都跟谁乐，谈什么事都是积极的。可是今晚上哥几个喝了一点酒之后，他一个人哇哇地在那儿哭，抱着人哭，最后人都走了，自己抱着椅子哭。这么阳光的一个人，为什么喝完酒哭成这样？说明他心理不痛快。还有些人平时闷葫芦，一句话不说，结果喝点酒之后，什么陈芝麻烂谷子都跟你一一道来。

我们根据宋江酒前酒后的表现就能得出结论，宋江平时心理调节能力是比较差的，他只会压抑，心理的负能量越来越多，最后性格就扭曲了。

古人在看人的时候，提出一种观点叫"醉以酒以观其性，示以利以观其廉"。就是我们要看一个人的性格正常与否，该怎么看呢？把他灌醉了，他如果酒前酒后反应是一致的，这个人的心理就是健康正常的。如果酒前酒后反差特别大，这个人一定是心里有事的。所以我们也提醒各位读者，尤其是年轻人，人生是可以陶醉的，酒也是可以喝醉的，但一定要记得，酒前酒后行为要一致，不能反差太大。否则周围人会认为，你可能是一个表里不一的人。"示以利以观其廉"，意思就是给他点小便宜，看他占不占。贪小便宜的人一般都是禁不住名利诱惑的人，在廉洁自律上都是有问题的。

我们只能说，宋江平时心理的自我调节做得太少，又没有人给他做心理疏导，从而造成了他心理不健康和性格上的扭曲。最后，宋江在酒后就题了反诗，给自己惹来了杀身大祸。

在压抑的情绪中，宋江的心理调节能力实在不好。那么，当我们情绪发生巨大变化，尤其是感到困惑压抑、心理负能量比较多的时候，究竟有哪些调节心理的好办法呢？我推荐四种简单的方法。

方法一，运动。运动是一个效果非常好的心理调控手段。大家注意，经常运动、热爱运动的人，有稳定运动习惯的人，总是阳光的、积极的。

方法二，听音乐。听音乐是一个特别有效的疗伤手段，对于平复情绪有着非常明显的效果。有人说：那老师，我听着音乐做运动，岂不是更有效？没错，效果加倍。

方法三，倾诉。找一个信赖的人，跟他聊一聊说一说，哪怕不说什么有实际意义的话题，只是随便闲聊一下，也是非常见效的自我调节手段。

方法四，行为引导。给自己一些积极的心理暗示，保持乐观的生活态度，不说恶言恶语，痛苦的时候对着阳光和花朵笑一笑，这种积极的行为引导可以帮助自己迅速走出心理阴影。

三十而立，四十不惑。一个人从三十岁到四十岁这十年之间，往往压力特别大，欲望特别多，诱惑也特别多，情绪就特别容易起伏。我建议大家，每天都听一点音乐，每天做做运动，心理状态自然就会稳定了。

宋江缺乏有效的调节手段，所以最后导致了他心理状态的扭曲和过度的发泄。

策略三：转移视线，伪装对抗心理

在那个封建皇权的年代，谁敢题反诗，那是要满门抄斩的，所以在这种情况下，宋江需要启动第三种心理策略，转移视线，伪装对抗心理。我们看看，宋江是怎么伪装的。话说宋江题完反诗之后，就回去睡觉了，醒了酒把题反诗这事都忘了。俗话说，不怕没好事，就怕没好人。中国人经常说一个词，叫人事，你看以前的部门叫人事科，现在都改成叫人力资源部了。为什么叫人事呢？人事人事，先做人后做事，有了人才能做事，没有人就做不成事。

话说浔阳江边住着一个人，这个人叫黄文炳。黄文炳是一个赋闲在家的小官僚，挂着个通判虚衔但没有实职。这个家伙一肚子坏水，阴毒坏损，还有点才华。黄文炳一直想找个机会，表现一下自己，捞点名利。

这一天，黄文炳也到这浔阳江私家会所来吃地方名菜。抬头一看，有人题诗在墙上。黄文炳一撇嘴，看看写得怎么样。结果一看第一首最后两句"他年若得报冤仇，血染浔阳江口"，黄文炳眼就亮了，说这不是一个找死的吗，我正想找垫背的。不过呢，这罪犯得不大啊，要报仇要血染，这顶多是个无期徒刑。再往下看"他时若遂凌云志，敢笑黄巢不丈夫"。黄文炳说：有了，这是个造反的罪，我要把他举报了，可能就会飞黄腾达了。再往下一看，郓城宋江。题完反诗还落款，黄文炳说：这是菩萨派来成全我的人啊，这不找死吗？不作死就不会死，黄文炳就吩咐那酒保：不要擦，都给我封存起来。

随后，黄文炳抄了这首诗，就来见知府蔡九。蔡九知府是当朝的权相太师蔡京的儿子。黄文炳汇报说：今天我遇到了一个题反诗要造反的人。蔡九说：查一查，看看这宋江是谁。一查，是一个配军，就在牢城营里关着呢，所以蔡九把牢城营的管事的人调来了。前边介绍了，牢城营管事的是神行太保戴宗。蔡九吩咐戴宗带着衙役，把这姓宋的给我抓来，他敢题反诗，要取他性命。戴宗表面上应承，心里面开始盘算：我得救我哥哥啊。这边安排衙役先做前期准备。戴宗有一个好处，速度快啊！神行太保做起神行法立刻就来见宋江。

宋江这酒还没醒呢，戴宗冲进来惊慌失措地说：哥哥你惹下大祸了。宋江说：哎呀贤弟，我昨天约你一天都没约着，今天有时间吗，你约吗？戴宗说：约什么约，哥哥您闯下大祸了，您怎么能在浔阳楼题反诗呢！

宋江说：题了吗？我怎么不记得了。戴宗说：这个事已经报到知府那儿，上边已经下来了公文，要捉拿你，要判你死刑了。宋江这脑袋嗡的一下，酒醒了一半。这怎么办？哥俩儿开始商量对策，最后商量出一个方法——装疯，只有这样，才有可能躲过一劫啊。不过这装疯的过程是挺具挑战性的，基本行为有三个。

第一个行为，把头发打开，让头发披散下来。古代的人，每一个人都是披肩长发。胡子拉碴一个大老爷们，披着一个大披肩发，那个样子很壮观的。

第二个行为，嘴里开始胡言乱语，说各种各样离谱的话。

第三个行为最要命，地上倒了一些屎尿，然后让宋江一头倒在里边，打几个滚。这一滚完不要紧，宋江成了货真价实的"粪青"，一身都是粪的青年啊。为了活命没办法，滚吧！宋江滚完了之后，披散着长头发，在角落里一蹲，开始在那儿嘟囔。戴宗说：这回行了，回头把衙役们都叫来。衙役们都是有默契的，大家说：嗯，他确实是个疯子。

戴宗回头来报蔡九知府，说这个人是个疯子，胡言乱语，不要算数。蔡九说：那好吧，以后加强管束。没想到，冤家对头黄文炳不依不饶。黄文炳心想，我好不容易捞到一个造反的，要捞些名利，他怎么就能疯呢？不行，他不能疯，他要疯了我也得疯了。

黄文炳有办法。黄文炳把牢城营那管营差拨都叫过来了，一个人疯不可能今天疯吧，问问他以前疯过没有。管营差拨都说没疯过，从来没疯过，就今儿早上开始疯的。

黄文炳说：这就是个假的，把他抓来。抓来之后，宋江还在那儿说疯话呢。黄文炳出一个损招，往死里打！大棍子一上，打得宋江皮开肉绽。没办法，宋江只好承认了写反诗这个行径。

这下不要紧，死罪啊，宋江被打入了死牢。在这个过程当中，戴宗真够朋友，他安排李逵先保护宋江，说：铁牛你就做一件事，守着咱宋大哥，不要让人害他，我去想办法。

那想什么办法呢？因为是个谋反的罪，给朝廷上报是可以邀功请赏的，所以黄文炳执笔写了一个邀功请赏的上报。蔡九知府告诉戴宗：你速度比较快，拿着文书到东京汴梁去见我爹，把这事告诉他，然后请他来定夺。我到底是把这个造反的反贼解到东京汴梁，还是就地斩首？戴宗说好吧，收拾一包文书，念起咒语祭起神行法，就来到梁山。

晁盖、吴用等好汉和戴宗一起开了一个紧急会议，商量搭救宋江的办法。

吴用出个主意，来一个模仿秀，模仿太师蔡京的笔体写一封回信，来一个大事化小，小事化了就可以了。

不过这场"模仿秀"需要两个核心演员，一个是写书法的，圣手书生萧让；另一个是刻印章的，玉臂雕金大坚。让萧让模仿蔡京的笔体，写一封回信。宋代有四家：苏轼、蔡襄、黄庭坚、米芾。老蔡家的书法是天下一绝，但是萧让惯能写各家的书法，惟妙惟肖，毫无破绽。再让金大坚仿刻一个蔡京的手章，往上一按，这封信就伪造成功了。信里就写：宋江这个疯子不要跟他计较，既然是个神经病，把他放了就行了。这就把宋大哥给救了。

本来是个好事吧，几乎做得天衣无缝，但是世界上只要是假的，都会有漏洞。黄文炳下了决心，要死磕宋江，我绝不能轻易放过他，我得吃准了他。黄文炳就跟蔡九说：这信里有蹊跷。你看你爹给你写信，落款落全名，爹给儿子写信，怎么可能落款落全名呢？而且用的印章是以前翰林的印章，一个人怎么可能当了宰相，还用翰林的印章呢？这里边必有蹊跷。黄文炳怀疑是戴宗做了手脚了，建议不如把戴宗叫来，盘问盘问他。

人际关系中有一个基本规律，叫"谎言禁不住细节"。要检验一段话是不是谎言，很简单，就问细节，一般的谎言都禁不住问细节。因为真相只有一个，不用编，在那儿搁着，它可以一遍一遍重复；因为谎言是编的，没法重复，说一遍可以，说第二遍跟第一遍，在很多细节上肯定不一样。

既然谎言禁不住细节，蔡九知府就盘问戴宗：接待你的人都是谁，他们都谈了什么话题，各自多大年纪？那戴宗得编啊，一下就露馅儿了。蔡九知府说：好啊，果然如黄先生所说，你也是同党，于是把戴宗也打入了木笼囚车，跟宋江关在一处，打入死囚牢，准备开刀问斩。这一次，宋江算是叫天天不应，叫地地不灵。按照《水浒传》的模式，有了困难找谁？还得找兄弟。此时此刻，宋江就盼望着梁山好汉来搭救自己。

正所谓，不怕没好事就怕没好人。宋江倒霉遇到了死对头黄文炳。装疯卖傻的躲避策略被人家一眼识破。眼见得宋江命悬一线，关键时刻，只有靠着梁山好汉晁盖等一干兄弟才能搭救宋江解脱灾难。

咱们暂时按下宋江，先说说晁盖。此时的晁盖已经坐稳了梁山老大的位置，把一座山寨治理得风生水起，威震四方。大家都知道，梁山的开创者和第一任领导人是白衣秀士王伦。那么本来是东溪村保正的晁盖是如何上山落草的？而山寨原来的头领王伦又是如何把梁山领导权交给晁盖的呢？晁盖能不能及时来搭救宋江呢？我们下一讲接着说。

第六讲

相逢何必曾相识

事业要发展，就需要有一个高效的团队。晁盖是水泊梁山的第二任头领，他在团队建设上很有一套办法。在上梁山之前，晁盖得到了一个重要信息，一笔数额惊人的不义之财即将从身边经过。为了得到这笔不义之财，晁盖和吴用开始动起了脑筋。他们在组建自己的团队时想了很多好办法，最终在团队成员的通力合作下大获成功。

有人说人生像一段漫长的旅途，在这个旅程当中，我们会遇到各种风景，也会遇到各种陷阱。那么在这个短短的两万多天的一生当中，我们怎样才能过得更有意义、更有价值呢？这里有个经验，就是一定要解决好"和谁在一起"的问题。幸福的生活不是你怎么过，是你和谁一起过；成功的道路不是你怎么走，是你和谁一起走。

我们身边经常有些人，在选择公司、选择职业的时候发生困惑：这份工作要不要做呢？这个公司该不该加入呢？今天我们就来聊聊这个问题，看看梁山的英雄们是怎么解决这个问题的。如果梁山好汉求职就业的话，那么他们会选择什么样的公司，从事什么样的工作？

细节故事：晁盖扬名

郓城东门有两个村坊，挨得很近，被一条清亮亮的溪水从中间给分开，分成一东一西两个村庄。东边就叫东溪村，西边就叫西溪村，晁盖就是东溪村的保正。那什么叫保正呢？翻译成我们现代汉语就是，晁盖是山东省郓城县溪水乡东溪村的村长，属于基层干部。

晁盖长得人高马大，相貌威武，武艺高强，惯使枪棒，而且性格特别好。他惯爱结交天下英雄豪杰，来了有招待，走的时候送盘缠。这叫有里有面，有来有往。而且晁盖有一个特点不同于宋江：《水浒传》原著说他只爱练习武艺，只爱耍弄枪棒，一天到晚打熬筋骨，不曾娶妻。宋江还有个阎婆惜呢，晁盖就没娶妻。为什么不娶妻呢？打熬筋骨，热爱武艺。各位想一想吧，为了事业连媳妇都不要了，他是有多么痴迷、多么投入啊。在《水浒传》里，英雄好汉个顶个都很了不起，基本上美女都是蛇蝎心肠，要不然就命运不济。好不容易有几个正能量的，一个叫母大虫，一个叫母夜叉，一点美感都没有，是杀人不眨眼的女魔头。好不容易有一个有正能量又长得漂亮的一丈青，最后家人都被杀光了，并且还嫁给了矮脚虎王英，命运也很悲惨。所以《水浒传》有一种说法，叫"英雄不谈爱情，美女全是坏人"。而且更巧的是，两个"坏"女人都姓潘，一个叫潘金莲，一个叫潘巧云。

晁盖终日里打熬筋骨，练就一身好武艺。有一年，一条溪水泛滥了，发了洪水，有人掉在水里淹死了。按照中国民间的迷信说法，有人在这淹死，这是水鬼索命。那怎么办呢？西溪村的人就请来了一个高僧。高僧念完经在水边放了一座小塔，这叫宝塔镇河妖，《智取威虎山》里就有这句词。这个西溪村把宝塔往这一搁，镇住河妖了，东溪村的人不干了，河妖不上你这边来，都上我这边来了，这可还了得啊。每年这个烟雨季节，都见一穿白衣服的和一穿青衣服的，打着伞在水边来回溜达，那可太吓人了。于是村民来找晁盖，说：村长，出事了，你得管管。晁盖听了这件事的来龙去脉，第二天喝了二斤酒，抡了一个光膀子，横着一把大砍刀，大踏步蹚水过河，走到这个宝塔旁边，大喝一声，把这个塔就给托起来了。大家想这得多大力气。托着塔，横着这口宝刀，一转身大踏步踩着水又回到了东溪村，把这个塔就搁东溪村的村口了，而且塔上贴个标签"东溪村固定资产"。由于这件事，江湖上就传出了美名，大家给晁盖起了一个绰号叫托塔天王。这个事件说明晁盖有两个特点：第一，仗义敢为；第二，武艺高强。

原来那东溪村保正，姓晁名盖，祖是本县本乡富户，平生仗义疏财，专爱结识天下好汉。但有人来投奔他的，不论好歹，便留在庄上住。若要去时，又将银两赍助他起身。最爱刺枪使棒，亦自身强力壮，不娶妻室，终日只是打熬筋骨。郓城县管下东门外有两个村坊：一个东溪村，一个西溪村，只隔着一条大溪。当初这西溪村常常有鬼，白日迷人下水在溪里，无可奈何。忽一日，有个僧人经过，村中人备细说知此事。僧人指个去处，教用青石凿个宝塔，放于所在，镇住溪边。其时西溪村的鬼，都赶过东溪村来。那时晁盖得知了大怒，从溪里走将过去，把青石宝塔独自夺了过来东溪边放下。因此人皆称他做托塔天王。晁盖独霸在那村坊，江湖上都闻他名字。

这一天，东溪村就来了一个外人，只见这个人，人高马大，猿臂蜂腰，红头发蓝眼睛。在《水浒传》里，有好多英雄都是红头发、蓝眼睛、黄胸毛、黄胡子，说明他们都有点异族血统。这人唤作赤发鬼刘唐，他专门来找晁盖有要事相商。晁盖就问他说：小刘啊，你找我有什么事？刘唐说：哥哥，我有一套富贵，不知道你敢取不敢取。晁盖说：什么富贵啊？刘唐说：大名府的梁中书，贪赃枉法，刮尽地皮，攒了十万贯金珠宝贝。过两天，东京那个太师蔡京要过生日，梁中书要把这十万贯金珠宝贝送上东京汴梁去给他贺寿。大家想想看，这份生日礼物是大礼啊。所以刘唐说：我们就给他来个黑吃黑，半路上劫夺了他的宝贝，反正他的钱财也不是好道来的。我们劫了之后，落得一生一世逍遥快活，哥哥你说怎么样？晁盖一拍大腿说：壮哉好兄弟，这是个好项目。

话说到这里，我们请大家想一个问题：晁盖以前认识刘唐吗？不认识。刘唐以前认识晁盖吗？也不认识。两个人确实属于初次见面，连照片都没有交换过。初次见面，第一次话题谈什么？就谈抢生辰纲。说的敢说，听的也敢信，这在我们现代的社会里，几乎是不可想象的。为什么刘唐跟晁盖初次见面就能有这样的信任呢？咱们聊聊这件事。

在学校里给本科学生讲管理的时候，我谈到过一个观点：团队合作过程当中，最大的成本是信任成本，很多事情明明可以低成本、高效率做成，为什么做不成？就因为彼此之间没有信任。

为什么很多家族企业，创业的时候都要用自家人？因为自家人有血缘关系造就的天然信任。一个外人管钱，他水平越高，我们越不放心；换成自己人管钱，他水平越高，我们越放心。

> 智慧箴言
>
> 所以信任成本是最大的成本，信任收益是最大的收益。我们一定要跟信任的人在一起做事情。

大家要记得，父母兄弟是我们身边的亲人，是造物主给我们派来的天使。从你来到这世界上一睁开眼睛开始，你们之间就有一种无条件的信任，这是像金子一样宝贵的东西。

规律分析：熟人社会和生人社会

人和人之间的信任，来自两个方面：一个叫规则，一个叫价值观。大家仔细想想会发现，农村的人际关系和大城市里的人际关系完全不一样。为什么在村口大柳树下的小卖部可以赊账买啤酒、酱油、醋，但是在城里小区边上的杂货店里就不能赊账？

农村社会是熟人社会，正所谓跑得了和尚跑不了庙，大家信息对称，知根知底。在这样的社会里，名声和舆论是一种重要的监督力量。如果谁做了坑害他人的事，千夫所指万人唾弃；名声一旦坏了，以后就再也不会有人与他合作了，当事人自己的生存和发展空间都会受到严重的挤压。所以，在熟人社会里，人们都注重关系、在乎名声，愿意为熟人主动做出贡献。大柳树底下的小卖部里，如果有人赊账不给钱，那他以后在村里就不要混了。

城市社会是个生人社会，人们彼此之间都是陌生人，很多交往都是一次性的博弈。打过一次交道之后，有可能再也见不到、找不着了。这个时候，传统的舆论名声、人际关系的报复手段都起不到作用，最好的做法就是按规矩、按法律办事。楼下小区赊两件啤酒，赊账的人真的带着啤酒走了，你根本就找不到他。

《水浒传》描述的社会是典型的传统农村的熟人社会。这样的社会有四个特点。

特点一，强调关系。有关系怎么办都行，没关系就怎么办都不行，规则是次要的，最重要的是混脸熟、混关系。

特点二，强调名声。谁的威名树立了美名传播了，就能得到所有人的信任和支持，要风得风要雨得雨。

特点三，人们彼此之间互相熟悉。英雄和英雄遥相呼应，谁做了什么事情，都可以在江湖上迅速传播。

特点四，舆论监督威力强大。任何坑害别人的恶行都会被记录在案，并且成为伴随当事人一生的信用记录。

晁盖就是在这样的环境下塑造了自己的英雄好汉形象。刘唐是按照规则来找晁盖的，晁盖也是顺理成章帮助刘唐的。双方都是乡土规则的坚定遵守者，并且在见面之前对于对方的信任做了必要的考察，排除了不合作的风险。

传统的乡土社会，人们之间互相信任，互利互惠，在乎名声，主动自我约束。如今，这样的情况在小山村里依然可见，但是这种关系仅限于熟人之间，绝对不会推广到陌生人的身上。任何陌生人的突然出现，都会让所有的人紧张、警觉，大家会自然地产生排外心理。所以有人经常说农村人生性淳朴，城里人尔虞我诈。其实，事情可能不像表面所展示的那样，乡村没那么美好，城市也没那么冰冷，大家只不过是按照不同的社会规则生存而已。

乡村是以人情和关系为核心的，城市是以规则规范为核心的。为什么很多在乡村特别吃得开的人，到北京就混不开了呢？因为没办法把乡村那种人情面子的方式挪到北京来。当然了，你如果从北京大学毕业了，回到乡村你会发现，干点什么事都得先找熟人。所以你要是在大城市习惯了，回到乡村也会格格不入，这是两套社会体系。

中国的社会在城市化的过程中，正在经历着从传统走向现代的剧烈变革。这个变革的核心就是，要把传统的以关系为导向的熟人社会，变成现代的以规范规则为导向的生人社会。这个潮流是不可逆转的。

在一个熟人社会里面，刘唐就敢来找晁盖商量劫生辰纲，初次见面也没关系。而晁盖就一定会答应，绝不会背叛。这都是规则。

这两人开始商量，生辰纲应该怎么劫。本来按刘唐的意思，两人组一个创业团队，咱把它劫了就得了。晁盖说不行，做大事不是一个人做成的，是一群人做成的，咱们得搞众筹，得拉一帮人。于是又拉来了五个人，共七个人，《水浒传》里叫"七星聚义"。七星聚义是波澜壮阔的水浒故事的真正开始。

这"七星"都是谁呢？负责指挥的是托塔天王晁盖，出主意的是智多星吴用，装神弄鬼的是入云龙公孙胜，通风报信的是赤发鬼刘唐。这都是搞管理的，那你光有管理层不行，还需要执行层。执行的三个人是立地太岁阮小二、短命二郎阮小五和活阎罗阮小七。用我们现代管理学的观点来看，这叫贤者为上、能者为中、工者为下、智者在侧。这是一个很好的团队结构。

在晁盖的七人团队中，人数虽然不多，但各有所长，有指挥的，有出主意的，有具体干工作的，几乎囊括了工作的方方面面。七星聚义的过程就是一个高效团队组建的过程，其有两条重要经验非常值得关注。

经验一：认同感是发展事业的根本

发展事业最根本的东西是认同感。关云长为什么要挂印封金，过五关斩六将，死活要跟着刘备不跟着曹操，因为他对曹操就没有认同感。所以有学生问我：老师，请你用一句话给我讲一讲，我们到底要找什么样的工作。人家那职业发展规划一本书都讲不完的问题，他非让我说一句话。好吧，那我就给他一句话，找工作找什么样的工作？答，找有认同感的工作。今天我们就聊一聊，认同感是一种什么东西。

在七星聚义的过程中，晁盖就跟吴用商量，光有管理层不行，我们得找点执行层的人。一商量就相中了石碣村的三阮，这是一个很棒的小团队，搞执行没问题。吴用就决定来招聘三阮，让他们入伙。

在招聘三阮入伙的过程中，吴用使用了一个特别重要的技巧，这个技巧值得每个用人单位的领导学习，也值得我们每个年轻人在找工作的时候参考。这个技巧叫"认同感测试"，具体来说就是确认四个基本问题。我们先来看看吴用是怎样用这四个问题来招聘三阮的。

吴用换了身新衣服，拿了点散碎银子，坐着船就来石碣村。下了船迎面就看到了立地太岁阮小二，三阮中的老大。这阮小二长得什么形象呢？他长得粗胳膊大脸，两道竖起的眉毛，胸带黄毛。阮小二跟吴用以前认识，上来就打招呼：吴教授，你来我们这儿干什么呀？

吴用说：二郎啊，我现在在一个大户人家教书，他们家请客需要十几尾金色大鲤鱼，每条平均重量要15斤左右，你这儿有没有？

阮小二说：这个确实比较难找，但是咱们可以去找我兄弟问问。于是吴用和阮小二驾了船，来找他的兄弟阮小七。

左绕右绕就来到了一个芦苇荡里边，前面阮小七划着船从苇荡里出来了。这阮小七长得一双鼓眼，满脸横丝肉，腮带黄须，身长肉黑。大家想想，这跟一根铅笔似的，上面是黄的，下面是黑的，长相十分凶恶，外号叫活阎罗，半夜出来能吓人一身冷汗。

吴用还是这套词，我要买鱼，金色大鲤鱼，十五斤的。阮氏哥俩儿交换了一个眼色说：这个确实不好办，要不然找找五郎吧。于是他们又来找阮小五。阮小五去赌钱了，还没回来呢。于是三个人转过头来，又去赌场找阮小五，半路上碰见了。阮小五输钱了，垂头丧气往回走。吴用发现，阮小五跟这阮小二和阮小七两人长得不一样。阮小五中等个头，拳如铁锤，眼赛铜铃，嘴角上挂着微笑，眼眉间藏着杀机。阮小五就是一个笑面虎，你看他笑眯眯的，那眼眉里全是狠劲儿。

阮氏三雄这三个人聚在一起就跟吴学究商量，买鱼的事先放一放，不如咱们先喝点酒叙叙旧。把酒菜摆齐了，吴用就启动了测试程序，开始测试三阮。

智慧箴言

> 找工作要看四个认同感：一是认同事业，二是认同公司，三是认同领导，四是认同职位。这四点只要有三点具备，这份工作就可以做了。

第一，认同事业。吴用就问阮小二：为什么买不到鱼啊？阮小二说：吴教授你有所不知，最近水泊梁山来了一伙强人，占据山头，封锁水面，官军都不敢进去，打了几次，人仰马翻，死了很多人，那片水面已经去不了了。所以我们这边浅水湾里边，就没有大鱼了。阮小二说的是这个。接着吴用就介绍，说你有所不知，水泊梁山啸聚山林的有四条好汉，打头的叫白衣秀士王伦，这是一个落第的秀才，文人当领导。两个核心骨干，一个叫摸着天杜迁，一个叫云里金刚宋万。大家注意这外号，摸着天，个儿高吧？云里金刚，个儿高吧？这整个就俩职业篮球选手，水泊梁山一队中锋和二队中锋。杜迁和宋万最大的特点，就是身高。另外还有一条好汉，叫旱地忽律朱贵。什么叫"忽律"呢？就是鳄鱼的意思，旱地里的大鳄鱼。这四个人占据梁山水泊，这鱼是打不成了。接着阮小五就接了个话茬，阮小五说：你可不知道他们那个生活方式，不怕天不怕地，不怕打官司，这叫三不怕。另外，成瓮喝酒，大块吃肉。他们活得实在是太精彩了，我是很羡慕的。最后阮小七说：我兄弟三人空有一身好本事，什么时候也能过上他们那个日子啊？吴用点点头，心里想，有了，这三个人是认同占山为王这个事业的。

第二，认同公司。吴用说：其实占山为王也有风险，万一让官府给抓住了，那不是要判死罪的吗？结果阮小七接着说：哥哥你有所不知，人生一世，草木一秋啊，学他们那样快活地生活，那也是好的。阮小二接着说：只要有人帮我们介绍一下，我们都愿意上山入伙。最后阮小五说：可惜我们三个人本事高强，却遇不到一个识货的，只要有渠道我也愿意去。所以你看，他们对公司也是认同的，事业是好事业，公司是诱人的公司。

第三，认同领导。吴用说：要是去了梁山的话，你们愿意在白衣秀士王伦手下干吗？一说这个问题，阮氏三雄撇嘴了，说：梁山是个好梁山，公司是个好公司，可叹这个领导实在不行，白衣秀士王伦心胸狭窄，嫉贤妒能，专爱排挤自己人。前两天东京汴梁的林教头来了，被他挤对得差点就留不下。所以，这般心胸狭窄的小人当了梁山的老大，是一件可叹的事情，我们不愿意跟他干。众所周知，很多好事业、好公司，为什么招不到人？就是因为领导的境界太低了。

第四，认同职位。接着吴用启动了第四个测试。吴用道："小生这几年也只在晁保正庄上左近教些村学。如今打听得他有一套富贵待取，特地来和你们商议，我等就那半路里拦住取了，如何？"阮小五道："这个却使不得。他既是仗义疏财的好男子，我们却去坏他的道路，须吃江湖上好汉们知时笑话。"吴用道："我只道你们弟兄心志不坚，原来真个惜客好义。我对你们实说，果有协助之心，我教你们知此一事。我如今见在晁保正庄上住。保正闻知你三个大名，特地教我来请你们说话。"阮小二道："我弟兄三个，真真实实地并没半点儿假。晁保正敢有件奢遮的私商买卖，有心要带挈我们，以定是烦老兄来。若还端的有这事，我三个若舍不得性命相帮他时，残酒为誓，教我们都遭横事，恶病临身，死于非命。"阮小五和阮小七把手拍着脖项道："这腔热血，只要卖与识货的！"吴用道："你们三位弟兄在这里，不是我坏心来诱你们。这件事，非同小可的勾当。目今朝内蔡太师是六月十五日生辰，他的女婿是北京大名府梁中书，即日起解十万贯金珠宝贝与他丈人庆生辰。今有一个好汉姓刘名唐，特来报知。如今欲要请你们去商议，聚几个好汉，向山凹僻静去处，取此一套富贵，不义之财，大家图个一世快活。因此特教小生只做买鱼，来请你们三个计较，成此一事。不知你们心意如何？"阮小五听了道："罢，罢！"叫道："七哥，我和你说甚么来？"阮小七跳起来道："一世的指望，今日还了愿心。正是搔着我痒处。我们几时去？"吴用道："请三位即便去来。明日起个五更，一齐都去晁天王庄上去。"

所以大家看，其实吴用特别聪明，他在做一个风险招聘的时候，没有亮明具体的信息、具体的安排，先对应聘者做了认同感测试，都认同了咱们再讲公司的安排。同样道理，将来我们大家去找工作，你也得想这些问题：你认同事业吗？认同这个公司吗？认同这个领导吗？人家让你干这个职位，你认同吗？这四个问题你都认同了，你就可以入职了。拿我来说，我当大学老师，首先我认同教育事业。接着，我得看看大学机制好不好，我认同事业，不一定代表我认同这个单位。如果单位机制我也认同，去不去呢？也不一定，我还得看看单位领导行不行。如果都跟白衣秀士王伦一样，去干什么？那认同了领导，去不去呢？不一定，还要看看岗位。去了之后让我讲高等数学，我不行，所以我是不会去的。

现在阮氏三雄已经入伙了，在智取生辰纲之前，还有一个人品差、能力弱的人也想加入，这个人就是白日鼠白胜。在此人是否有资格加入团队的问题上，七个人意见不一。最终在晁盖和吴用的坚持下，白胜还是被吸纳进了队伍。那么，晁盖坚持用白胜的理由是什么？我们要从晁盖的一个怪梦讲起。

经验二：多样化是团队合作的关键

七星聚义当天晚上大排酒宴，晁盖喝得有点醉了，躺在床上呼呼大睡。他做了一个梦，梦到天空当中有七颗闪亮的星星，就是晁盖、吴用、公孙胜、刘唐、三阮这七位好汉。这七颗闪亮的星星组成了一个北斗星的形状，照亮了整个天空。这时从东南方向来了一颗黄色的小星星，就往这七星队伍里挤，三阮和刘唐就拿脚踹他，不让他加入。这个人是谁呢？就是白日鼠白胜。

智劫生辰纲，白日鼠白胜参加了，黄泥岗上其实是八个人。但是为什么是八个人，又叫七星聚义呢？因为白胜根本就不够一个好汉，论本事，武功稀松；论人品，人品稀松。白胜既没有价值观，也没有信念，就这么一个鼠辈小人物。所以白胜在参加革命这件事情上，三阮、刘唐就坚持不肯要他。我们都是大英雄，要这种鼠辈货干什么。但是晁盖跟吴用都主张要吸引白胜参加。

那么，做大事业为什么要接受平庸的小人物，甚至是鼠辈呢？让我们来看一则中国历史上的著名典故。

鸡鸣狗盗的典故

《史记·孟尝君列传》载：战国时候，齐国的孟尝君喜欢招纳各种人做门客，号称宾客三千。他对宾客来者不拒，有才能的让他们各尽其能，没有才能的也提供食宿。有一次，孟尝君率领众宾客出使秦国。秦昭王将他留下，想让他当相国。孟尝君不敢得罪秦昭王，只好留下来。不久，大臣们劝秦王说：留下孟尝君对秦国是不利的，他出身王族，在齐国有封地、有家人，怎么会真心为秦国办事呢？秦昭王觉得有理，便改变了主意，把孟尝君和他的手下人软禁起来，只等找个借口杀掉。秦昭王有个最受宠爱的妃子，只要妃子说一，昭王绝不说二。孟尝君派人去求她救助。妃子答应了，条件是拿齐国那一件天下无双的狐白裘（用白色狐腋的皮毛做成的皮衣）做报酬。这可叫孟尝君犯难了，因为刚到秦国，他便把这件狐白裘献给了秦昭王。就在这时候，有一个门客说：我能把狐白裘找来！说完就走了。这个门客最善于钻狗洞偷东西。他先摸清了情况，知道昭王特别喜爱那件狐裘，一时舍不得穿，放在宫中的精品贮藏室里。他便借着月光，逃过巡逻人的眼睛，轻易地钻进贮藏室把狐裘偷出来。妃子见到狐白裘高兴极了，想方设法说服秦昭王放弃了杀孟尝君的念头，并准备过两天为他饯行，送他回齐国。

　　孟尝君可不敢再等过两天，立即率领手下人连夜偷偷骑马向东快奔。到了函谷关（现在河南省灵宝市，当时是秦国的东大门）正是半夜。按秦国法规，函谷关每天鸡叫才开门，半夜时候，鸡怎么能叫呢？大家正犯愁时，只听见几声"喔，喔，喔"的雄鸡啼鸣。接着，城关外的雄鸡都打鸣了。原来，孟尝君的另一个门客会学鸡叫，而鸡是只要听到第一声啼叫就立刻会跟着叫起来的。怎么还没睡踏实鸡就叫了呢？守关的士兵虽然觉得奇怪，但也只得起来打开城门，放他们出去。天亮了，秦昭王得知孟尝君一行已经逃走，立刻派出人马追赶。追到函谷关时，人家已经出关多时了。孟尝君靠着鸡鸣狗盗之士逃回了齐国。

　　做大事的时候，鸡鸣狗盗的小人物也有特殊的作用。所以晁盖告诉三阮和刘唐，什么人有什么用，有些事情我们都做不好，但是白胜能够做得很好。人才就像人的十个手指，有长有短，这是健康的手。如果手指都像拇指这么长、这么粗，那就不正常了。用人的时候一定要考虑什么人做什么事，坚持能岗匹配的原则。

《西游记》里孙悟空本领高强，但是团队成员能不能都安排孙悟空这样的？肯定不行。《西游记》的精彩就在于，人的岗位安排人，猴的岗位安排猴，猪的岗位安排猪，马的岗位安排马，这是成功的团队。你要都安排孙悟空，抡棍子打妖精是个猴，扛耙子是个猴，挑担是个猴，唐三藏骑个猴，那就叫耍猴。

智慧箴言

做大事不是要选最有本事的人，而是要选最合适的人。

经过一番劝说，白胜参加了革命。到后来呢，在黄泥岗全靠白胜伪装成卖酒之人，骗倒了杨志众人，劫得了生辰纲。这一段将来我们讲青面兽杨志的时候，再给大家讲。

劫到生辰纲以后，下一步怎么办呢？我们都经常听童话故事，公主和王子然后就幸福地生活在一起了。请问：生活在一起以后怎么办？家长里短、鸡毛蒜皮、生孩子、买房子、做早点、换尿布，两人可能会因此而离婚，互删微信、微博。所谓成功和幸福就是指事情做成以后，还有精彩的下文。而生辰纲劫到以后的精彩下文就是，七星准备上梁山，白胜一个人拿着这些钱，就奔了赌场和洗浴中心。这个开这赌场的人，跟衙门口的人都熟啊，都打过招呼。一个外地口音的人，大把花钱，这都记录在案的，官府立刻就把白胜给抓了。白胜当堂叛变，就全盘招供了。所以你就可想而知，白胜素质确实比较低。不过即使是这样，梁山后来也没有追究白胜的责任，而且还给了他一个英雄的座位，也是一百零八条好汉中的一个。这体现了梁山用人的理念，就是用其长避其短，不强求一个人的完美和全面，只要这个人适合这个工作岗位就可以。所以我们提醒大家，在多样化管理中，看到缺点和不足是好事。

我们交一个朋友，一个月看到他的缺点、不足，说明什么？第一，他没骗你，他展示的是真实的自己。第二，说明你有眼光有理性，脑子没进水。第三，知道优点，优点可用；知道缺点，缺点可以预防和控制。你想想，他有真诚你有理性，优点可用缺点可控，这个朋友就能交，这个员工就能用。怕就怕选人用人的时候，看着一个人，瞪大眼睛看半年，一点毛病都看不出来，说明什么？说明人家段位比咱们高，烧炷香，赶紧撤。这种人都留给管理专家处理吧，咱们整不了。

所以管理有一种状态叫失控，如果做事情非要强求身边人都是完美的，这种状态就叫失控。还有一种状态叫可控，就是你能看到大家的优点，也能看到大家的缺点，大家彼此都坦诚相待。比如你想跟赵老师交朋友，我保证让你在一个月之内看到我所有的缺点和不足。如果你愿意认可，咱们更进一步，你要不愿意认可，咱们保持现状，这才是一个正常的态度。选人用人最可怕的是什么？就是你非要找一个完美的，比这更可怕的是什么呢？就是你居然找到了。想找是糊涂，找到了会崩溃的。

由于白胜的叛变，济州府已经掌握了晁盖等人的全部信息，派了捕快班头，来到郓城县，这就跟前边对上了。捕快班头何涛，来到郓城县要捉拿晁盖。宋江这时候就挺身而出，飞马给晁盖报信。哥几个一商量，三十六计走为上策，收拾东西走吧。七条好汉决定，带着十万贯金银珠宝要上梁山。本来一群好汉，又带着那么多金银财宝，按理说，又得人又得钱的事儿，梁山方面应该是敞开大门欢迎的。没有料到的是，梁山大头领王伦对七星百般刁难，无论如何不肯接纳晁盖等人入伙。那么王伦究竟是出于什么考虑不接纳晁盖等人入伙的，这件事情最后又是怎么解决的呢？我们下一讲接着说。

第七讲

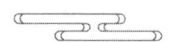

领导团队有底气

当领导要有领导的样子,台上要有神气,台下要有底气。什么是底气,就是一要知道当领导的本钱是什么,二要自信自己有这个本钱。如果做不到这两点,那这个位置坐得就会很痛苦很纠结。有可能中途下课,严重一点甚至身败名裂。

那么当领导的本钱是什么呢?有人觉得当领导嘛,前提当然就是在团队当中,自己一定要本事最大。于是,在生活中我们会看到一种有趣的管理现象,叫衰退管理现象:武大郎当领导,专门找比自己身高低的,武大郎一米五,二级经理一米四,三级经理一米三,门童一米。全公司就武大郎最高,工会组织打篮球,武大郎打中锋,外号小姚明,个个钦佩人人敬仰,这叫衰退领导。梁山的第一任领导王伦就是这样的一个衰退领导，他既没有方法也没有底气，他决不允许团队中出现比自己强的好汉。面对晁盖等好汉上山来投，他只有一种方法，就是拒绝。拒绝之后会发生什么呢？今天我们来看一看。

细节分析：王伦底气不足

梁山第一任领导是绰号"白衣秀士"的书生王伦。历史上真实的王伦，外号其实是"黄衣秀士"。《宋史》有记载，当时在沂州（今天的山东临沂市），确实有王伦造反。虽然人数很少，只有几十号人，后来也只发展到几百人，但是很有声势。根据欧阳修的记载，王伦"打劫沂、密、海、扬、泗、楚等州，邀呼官吏，公取器甲，横行淮海，如履无人……其王伦仍衣黄衫"。大家都知道，"黄衫"不是随便穿的，只有和皇家沾点边的，才能穿黄衫。王伦本事和实力不大，口气和野心却不小，竟公然与朝廷叫板。施耐庵把王伦从"黄衣秀士"改为"白衣秀士"，一字之差，两者的胸襟格局就有了明显的高低之分。《水浒传》里的王伦好穿白衣，又长相清秀，谈吐文雅，提笔写字张口吟诗，颇有风度，不同于五大三粗的江湖人士。

我小时候看一本连环画，《火并王伦》。那时候小不太懂，看着这"火并"二字，看那"并"字有点像"饼"，就以为是烧饼的一种。后来才知道火并就是"自己人整死自己人"，是窝里斗。王伦这个领导，怎么混到被自己人整死的份上呢？作为梁山的开创者，没有功劳，还有苦劳；没有苦劳，还有疲劳；没有感激，总有感动；没有感动，总有感想吧？对于王伦被自己人杀死，我总是打着一个问号。后来运用管理学、心理学方法分析一下，发现王伦真得死，不死不行。

王伦坐在领导者的位置上，而且是领导英雄的位置上，但是他心胸狭隘、无才无德，不懂领导艺术。概括一句话，王伦不是侠义之士，而是狭隘之士，为了保护自己的权力，他使用了非常卑劣的手段。

智慧箴言

做大事要守正道，用正道守住自己的位置、权力和富贵。

道越正守得越持久，这叫基业长青。但如果不用正道而是出阴招，结果往往是可以守住一时，不能守住一世，总有一天会出事。人生的悲剧不是一个人没有事业，而是事业还在，人没了。我们来看看王伦狭隘领导的两个错误。

第一个错误，选庸人提升自己。《水浒传》第十一回"朱贵水亭施号箭 林冲雪夜上梁山"是非常著名的章节。林冲在山神庙杀了仇人之后，走投无路被逼上梁山。上山之后见到了王伦，林冲拿出了梁山的主要赞助商柴大官人的一封推荐信。王伦一看：这是赞助商指定的选手，是赞助商圈定的人，那一定得要。所以王伦跟林冲说：贤弟呀，你就到梁山来，我们公司要你了。王伦立刻安排手下人设酒摆宴给林冲接风洗尘。酒席宴间，王伦对林冲说：你把你过去的大概背景给我介绍一下。于是林冲就开始介绍自己的过去。

大家记住，对心胸狭隘又有点自卑的领导，千万不要夸耀自己的过去，你会让他心里害怕。林冲没有想到王伦的心胸是这样的，所以就开始展示自己过去的经历、才华。听到八十万禁军教头这一职务的时候，王伦倒吸了一口冷气。

王伦这时采取的政策就是教育林冲：你这样的人才可不能做强盗啊，你就放弃做强盗的念头吧！这样王伦自己也能避免被林冲抢去风头。

王伦说：我是个什么人？不及第的秀才，高考落榜没考上大学。我找了两个"面瓜"，一个摸着天杜迁，一个云里金刚宋万。他们和我一起上梁山了。这两人为什么"面"？你听听他们的外号，"摸着天"，个高能摸着天，"云里金刚"，往这一坐，云从脖子边过。这两条好汉最主要的特征是个高、块大，一个是水泊梁山篮球一队中锋，一个是水泊梁山篮球二队中锋，除此之外没别的能耐。王伦想：我带这样的平庸之辈，还能带。可是林冲，好武艺，好身手，名满天下，他要上了梁山，他能不跟我斗？明着不斗，暗里也得斗。要是真的跟我斗了，肯定要整死我。跟他在一起，我不安全。我不能带比我强的下属。

狭隘的领导都有这种想法：自己应该成为公司里面专业能力最

强、水平最高的，绝不能让任何人超过我。王伦这种思维是武大郎用人的思维。领导就要像宋江那样、像刘邦那样，通过良好的待遇政策和激励政策，通过给理想、给实惠，调动比其强的专家、人才来成就一番事业。

智慧箴言

一个领导者的水平，不在于他干了什么事，而在于他通过什么人来干事；不看他有什么能力，而看他有什么能人。就算再有能力，手下没有能人，也不是好的领导。

王伦不懂这些，他就死守住一条，决不让比自己强的人上山。于是王伦跟林冲说：林教头，山寨最近房屋紧缺，粮米不足，容不得你这个大英雄，要不然你到别处高就？林冲妻离子散，家破人亡，没地方可去，所以就放下脸来求王伦。后来王伦想，我要是实在推，就不好意思了，我给他设一坎。王伦说：那你给我取一个投名状来，就是到山下，找一无辜的过路人，把他脑袋切下来。交了之后，我就留下你。让大英雄去做这种事情，他以为林冲做不下来，但林冲逼急了也是可以的。

第二个错误，造内耗增加权力。林冲带着刀下山了，但是碰到了另一个人，也是一样在江湖上游荡、无家可归的人，青面兽杨志。林冲跟杨志一动手，王伦的小聪明犯起来了，王伦心想：一个老虎难管，两个老虎好管，一群老虎可以像猪一样管。我把杨志也整上山来，让他们俩没事掐架，我再从中调停，这样我既有了空间，又有了权力。从王伦这个小聪明，我们看到了狭隘领导的第二个错误——造内耗增加权力。

联系实际：专业不强也能当好领导

王伦狭隘，并不是性格狭隘，而是因为他在领导的位置上没有解决一个重大的理念问题：一个专长不突出、专业能力不强的普通人，怎样去领导比自己强的人、比自己牛的人、比自己本事大的人？换句话说，不懂专业或专业能力不强，到底能不能当领导？比下属差一点，到底能不能当领导？

这个问题在现代团队管理当中，是需要认真考虑的问题。组织中的权力有两类：一类叫职位权力，是上级给的奖罚资源；另一类叫个人权力。个人权力，第一，看本事；第二，看人品、看境界。

王伦本事不大没关系，只要人品和为人处世的风格到位了，一样可以当领导。现代团队管理把这种权力称为参照权，又叫标杆权。你只要人品很棒，为人处世很到位，就算专长差一点，照样可以当领导。比如宋江，论武功，估计还没有王伦高，文化水平也没有王伦高。但宋江解决这问题了，宋江不靠专长，靠人品、靠付出、靠风格，一样是个好领导。所以本事高的人要追随本事低的人是可能的，只要本事低的人个人权力到位就可以了。

> **智慧箴言**
>
> 领导是要用形象来说话的。形象就是领导力,形象就是影响力,形象就是说服力。

作为领导,没有一技之长没关系,只要你有行为的示范权、标杆权就行。领导能跟大家分享,给大家实惠和理想;能在关键时刻展示信念,给大家信心和力量。王伦没想过这个问题,在王伦的世界当中,他从来没想过一个领导可以这样当,他就紧紧抓住一条:我当领导,我就必须文武兼修,比我的下属强才行。

> **智慧箴言**
>
> 理念决定管理的高度,胸怀决定管理的深度,对关键问题的掌控决定管理的持续度。

王伦的理念问题没有解决、胸怀问题没有解决、对关键问题的掌控也没有解决,最后只有一个结局——被团队无情地淘汰掉。

其实,专业不强也一样可以当领导,王伦要是知道,可能就不会死了。所以领导干部真的需要坚持学习。

一个合格的领导,思维应该是这样的:作为领导我没能力,可是我有能人;我不增长能力,可是我能增加能人;我不让能力跟着我,我能让能人跟着我,只要能人跟着我,我就可以把事业做好。自己强是小强,队伍强才是真强!只想着自己强,不考虑队伍强,那是"光头强"。

那么王伦出路在哪里呢，首先想到的出路是长本事，是到华山、光明顶之类的地方拜师，练出绝世武功。哪怕跟岳不群一样，采取点震撼性的手段，失去点什么都行。练成之后，再到梁山，把梁山前几名好汉都干掉，那他照样可以当领导。但这条估计王伦做不到。所以，结合现代的组织行为学和管理学理念，可以为他设计其他的几条出路。

出路一：突破边界靠境界

先做个比喻，人生好比一个杠杆，它由四个部分组成：第一部分，目标。人生要有目标，远大的目标就是杠杆要撬动的那座山，杠杆的价值取决于山的大小，这叫目标的价值决定杠杆的价值。第二部分，支点。就是外部的支持，有了可靠的支点才能发力。第三部分，向下用力压杠杆，这是付出努力。第四部分，杠杆本身要足够结实，这叫坚韧。

我们完全可以用这个模型来比喻人生。大家看，人生有了目标，有了支持，有了努力，有了坚韧，看起来很完备，可以成功了。可是很多时候，我们依然无法撬动那个远大的目标，甚至废寝忘食汗流浃背呕心沥血也无济于事，远大的目标就是纹丝不动。怎么办呢？要不要把目标调小一点呢？其实不要，这个时候可以考虑一个小小的改进，就是把杠杆加长。当杠杆长到一个合适的程度时，我们可以轻描淡写四两拨千斤地撬动那个远大的目标。这个加长杠杆的过程，就是境界提升。很多事情之所以做起来那么辛苦、那么吃力，其实就是因为境界没有提升。

带队伍当老大难，难在哪里呢？按照刚刚讲的杠杆模型，当老大需要设置目标，获得支持，保持坚韧，不断努力，但是最难的是不断提升自己的境界。

王伦就没有做这件事。他的境界还是当初小打小闹、带领几个小蟊贼的境界。所以当晁盖、吴用、林冲这些英雄出现的时候，他就手忙脚乱心慌意乱不战自乱了。且说山寨里宰了两头黄牛、十个羊、五个猪，大吹大擂筵席。众头领饮酒中间，晁盖把胸中之事，从头至尾都告诉了王伦等众位。王伦听罢，骇然了半晌，心内踌躇，做声不得。自己沈吟，虚应答筵宴。至晚席散。众头领送晁盖等众人关下客馆内安歇，自有来的人伏侍。晁盖心中欢喜，对吴用等六人说道："我们造下这等迷天大罪，那里去安身！不是这王头领如如错爱，我等皆已失所。此恩不可忘报！"吴用只是冷笑。晁盖道："先生何故只是冷笑？有事可以通知。"吴用道："兄长性直，只是一勇。你道王伦肯收留我们？兄长不看他的心，只观他的颜色，动静规模。"晁盖道："观他颜色怎地？"吴用道："兄长不看他早间席上，王伦与兄长说话，倒有交情。次后因兄长说出杀了许多官兵捕盗巡检，放了何涛，阮氏三雄如此豪杰，他便有些颜色变了，虽是口中应答，动静规模，心里好生不然。他若是有心收留我们，只就早上便议定了坐位。杜迁、宋万这两个，自是粗卤的人，待客之事如何省得。只有林冲那人，原是京师禁军教头，大郡的人，诸事晓得，今不得已而坐了第四位。早间见林冲看王伦答应兄长模样，他自便有些不平之气，频频把眼瞅这王伦，心内自己踌躇。我看这人倒有顾眄之心，只是不得已。小生略放片言，教他本寨自相火并。"晁盖道："全仗先生妙策良谋，可以容身。"当夜七人安歇了。

吴用确实善于察言观色。

如果王伦像宋江那样懂得付出，当"及时雨"满足下属多样化的需求，散尽万贯家财，让这个人进步，帮那个人成长，给这个人解决个人问题，给那个人解决家庭问题，然后打一个大旗号，给高层的人理想，给低层的人实惠。这样大家就会忽略他本事不高、能力不强的事实，他就可以守住领导的位子。但是王伦没这个境界，别说没钱，有钱也不愿意付出。此路不通，那就只好走第二条路。

出路二：能力不强感召力强

什么是感召力？就是通过管理自己的方式去影响他人。

孔子对为政的定义是：先之，劳之，无倦。让别人做，自己先做；让别人努力，自己先努力。这两点还比较容易，最难的是无倦。什么是无倦，就是一直有热情，一直有信心。如同早晨的阳光照在开水上那么灿烂，那么沸腾。请注意，一个管理者永远不要在下属面前发牢骚、谈失望，表现出心灰意冷的样子。现在流行一个词叫吐槽，把糟心的事、烦心的事、恶心的事无遮无拦地说出来。如果一个领导这样做的话，那下属就会完全失去前进的热情和动力。

所以，带队伍的人要表现无倦的样子，要拿出热情和信心，不能吐槽不能抱怨。

王伦没有这种感召力，所以他无法统御；王伦也想不到去修炼这种感召力，所以他最终会被队伍淘汰。具体执行这个淘汰任务的人就是豹子头林冲。

一、怀怨气林冲拜访。次早天明，只见人报道："林教头相访。"吴用便对晁盖道："这人来相探，中俺计了。"七个人慌忙起来迎接，邀请林冲入到客馆里面。吴用向前称谢道："夜来重蒙恩赐，拜扰不当。"林冲道："小可有失恭敬。虽有奉承之心，奈缘不在其位，望乞恕罪。"吴学究道："我等虽是不才，非为草木，岂不见头领错爱之心，顾眄之意，感恩不浅。"晁盖再三谦让林冲上坐，林冲那里肯。推晁盖上首坐了，林冲便在下首坐定。吴用等六人一带坐下。晁盖道："久闻教头大名，不想今日得会。"林冲道："小人旧在东京时，与朋友交，礼节不曾有误。虽然今日能勾得见尊颜，不得遂平生之愿，特地径来陪话。"晁盖称谢道："深感厚意。"吴用便动问道："小生旧日久闻头领在东京时，十分豪杰。不知缘何与高俅不睦，致被陷害？后闻在沧州亦被火烧了大军草料场，又是他的计策。向后不知谁荐头领上山？"林冲道："若说高俅这贼陷害一节，但提起，毛发直立。又不能报得此仇！来此容身，皆是柴大官人举荐到此。"吴用道："柴大官人，莫非是江湖上人称为小旋风柴进的么？"林冲道："正是此人。"晁盖道："小可多闻人说，柴大官人仗义疏财，接纳四方豪杰，说是大周皇帝嫡派子孙，如何能勾会他一面也好。"

二、动心机吴用激将。吴用又对林冲道："据这柴大官人，名闻寰海，声播天下的人，教头若非武艺超群，他如何肯荐上山？非是吴用过称，理合王伦让这第一位头领坐。此合天下之公论，也不负了柴大官人之书信。"林冲道："承先生高谈。只因小可犯下大罪，投奔柴大官人，非他不留林冲，诚恐负累他不便，自愿上山。不想今日去住无门，非在位次低微。且王伦心术不定，语言不准，失信于人，难以相聚。"吴用道："王头领待人接物，一团和气，如何心地倒恁窄狭？"林冲道："今日山寨天幸得众多豪杰到此相扶相助，似锦上添花，如旱苗得雨。此人只怀妒贤嫉能之心，但恐众豪杰势力相压。夜来因见兄长所说众位杀死官兵一节，他便有些不然，就怀不肯相留的模样，以此请众豪杰来关下安歇。"吴用便道："既然王头领有这般之心，我等休要待他发付，自投别处去便了。"林冲道："众豪杰休生见外之心，林冲自有分晓。小可只恐众豪杰生退去之意，特来早早说知。今日看他如何相待，若这厮语言有理，不似昨日，万事罢论；倘若这厮今朝有半句话参差时，尽在林冲身上。"

三、唱反调林冲发狠。晁盖道："头领如此错爱，俺弟兄皆感厚恩。"吴用便道："头领为我弟兄面上，倒教头领与旧弟兄分颜。若是可容即容，不可容时，小生等登时告退。"林冲道："先生差矣！古人有言：惺惺惜惺惺，好汉惜好汉。量这一个泼男女，腌臜畜生，终作何用！众豪杰且请宽心。"林冲起身别了众人，说道："少问相会。"众人相送出来，林冲自上山去了。正是：惺惺自古惜惺惺，谈笑相逢眼更青。可恨王伦心量狭，直教魂魄丧幽冥。

为什么必须是林冲出手火并王伦？这一节火并王伦关键就在"火并"二字，这两个字大有玄机。什么叫火并？就是自己人和自己人掐起来。当时，晁盖等人还是外人，属于梁山的客人。如果晁盖动手杀掉王伦，那就不是火并了，那就算强占、算偷袭。只有林冲动手才算是内部火并。

为什么拿下王伦一定要走内斗火并的路线呢？这里有个基本问题：晁盖等人都是客人，人家好酒好菜还挺热情的，你到人家这里做客，吃饱喝足顺手牵羊占了人家财产，这是不义之举，不符合江湖规矩。

但是，大家换个角度想，如果到人家做客，正赶上家里人互殴，吃饱喝足，帮人劝架平息了纷争，这就是大义之举了，符合江湖的规矩。

所以，一定要走火并路线，一伙人才能在梁山站稳脚跟。

要想基业长青就得守规矩，按规矩办事才行。这是晁盖、吴用，特别是吴用深谋远虑的地方。

江湖人也得守规矩，每行每业都要守规矩。活在规矩里边，还是规矩外边？有特权思维的人总想活在规矩外边，这条路越走越窄，看起来很美，其实是个死胡同。

其实，纵然吴用准备里应外合内部策反了，王伦还是有第三条出路。

出路三：要想上下协同，先要上下认同

带队伍离不开认同感。通俗来说，当领导有三个基本境界：第一，别人不敢打你，你保持了权威性和震慑力，这是让人怕的领导；第二，别人不能打你，你在资源、能力上占据优势，这是比人强的领导；第三，别人根本就不想打你，这是受人爱的领导。只有第三种领导，才是最稳定、最安全的。

我们都知道，让人口服不如让人心服。口服来自力量和威胁，心服来自认可和敬佩。此处打个比方：武松打老虎。

智慧箴言

用拳头解决问题不如用舌头解决问题，用舌头解决问题不如点头解决问题。

王伦忽略了上下认同的重要性，既没有在情感上被兄弟们认同，也没有在精神境界上被兄弟们认同。所以团队认同感比较低就带来了一大问题，平时吃吃喝喝可以，关键时刻没有人替王伦出头，可见王伦的领导力弱爆了。王伦被刀压脖子，几百号下属只是看客，没有人出头向前，最后死于林冲之手。至于具体过程，施耐庵先生描写得非常精彩，火并王伦的高潮来了。

首先，找借口礼送晁盖。

这一天，王伦请晁盖喝酒。一场暴风雨就要来临，吴用早已告诫兄弟们，随身带好短刀，随时做好准备。这次梁山之行，大家都已经打定了主意——"不要温和地走进那个梁山"。

看着饮酒至午后，王伦回头叫小喽罗："取来"。三四个人去不多时，只见一人捧个大盘子里放着五锭大银。王伦便起身把盏，对晁盖说道："感蒙众豪杰到此聚义，只恨敝山小寨是一洼之水，如何安得许多真龙。聊备些小薄礼，万望笑留。烦投大寨歇马，小可使人亲到麾下纳降。"晁盖道："小子久闻大山招贤纳士，一径地特来投托入伙。若是不能相容，我等众人自行告退。重蒙所赐白金，决不敢领。非敢自夸丰富，小可聊有些盘缠使用。速请纳回厚礼，只此告别。"王伦道："何故推却？非是敝山不纳众位豪杰，奈缘只为粮少房稀，恐日后误了足下，众位面皮不好，因此不敢相留。"

——各位，你们能来我太感动了，可是我这里住房紧张物价飞涨，地处偏僻外卖不送，你们还是另谋出路吧。看看，王伦这番话真是够虚伪的。

其次，生怒气林冲动刀。只见林冲双眉剔起，两眼圆睁，坐在交椅上大喝道："你前番我上山来时，也推道粮少房稀。今日晁兄与众豪杰到此山寨，你又发出这等言语来。是何道理？"吴用便说道："头领息怒，自是我等来的不是，倒坏了你山寨情分。今日王头领以礼发付我们下山，送与盘缠，又不曾热赶将去。请头领息怒，我等自去罢休。"林冲道："这是笑里藏刀，言清行浊的人！我其实今日放他不过！"王伦喝道："你看这畜生！又不醉了，倒把言语来伤触我，却不是反失上下！"林冲大怒道："量你是个落第腐儒，胸中又没文学，怎做得山寨之主！"吴用便道："晁兄，只因我等上山相投，反坏了头领面皮。只今办了船只，便当告退。"晁盖等七人便起身要下亭子，王伦留道："且请席终了去。"林冲把桌子只一脚，踢在一边，抢起身来，衣襟底下掣出一把明晃晃刀来。

最后，巧安排火并王伦。吴用便把手将髭须一摸，晁盖、刘唐便上亭子来，虚拦住王伦，叫道："不要火并！"吴用一手扯住林冲，便道："头领不可造次！"公孙胜假意劝道："休为我等坏了大义！"阮小二便去帮住杜迁，阮小五帮住宋万，阮小七帮住朱贵。吓得小喽罗们目瞪口呆。林冲拿住王伦，骂道："你是一个村野穷儒，亏了杜迁得到这里。柴大官人这等资助你，周给盘缠，与你相交，举荐我来，尚且许多推却。今日众豪杰特来相聚，又要发付他下山去。这梁山泊便是你的？你这嫉贤妒能的贼，不杀了要你何用！你也无大量之才，也做不得山寨之主！"杜迁、宋万、朱贵本待要向前来劝，被这几个紧紧帮着，那里敢动？王伦那时也要寻路走，却被晁盖、刘唐两个拦住。王伦见头势不好，口里叫道："我的心腹都在那里？"虽有几个身边知心腹的人，本待要来救，见了林冲这般凶猛头势，谁敢向前！林冲拿住王伦，骂了一顿，去心窝里只一刀，肐察地搠倒在亭上。可怜王伦做了半世强人，今日死在林冲之手。正应古人言："量大福也大，机深祸亦深。"

各位，林冲捅死王伦的时候，加上晁盖等人，无非才八个人。水泊梁山那么多的人，杜迁、宋万、朱贵一干人等都在旁边看着。林冲把刀一横，这帮人一起把东西放下，跪在那就归顺了。王伦可怜啊，开"公司"那么久，干了那么多事，当了那么多年领导，最后死了，连替他掉滴眼泪、叹口气的人都没有。这样的领导是可悲的，可悲之处在于他管理得不到位，没有获得人心。

关于获得人心，《孙子兵法》有一种观点，当领导要做到四个字"上下同欲"。什么是上下同欲？上是上级，下是下属，同是相同，欲是个人的动机。具体讲就是，领导想做的事情，也是群众愿意做的事情。用群众接受的指标来考核群众，用老百姓认可的制度来管理老百姓，用下属同意的方法来管理下属。这个观点在团队管理中，就是把"我"变成"我们"——把我想变成我们想，把我愿意变成我们大家都愿意，然后大家一条心一起干。团结就是力量，一条心才有力量。

由于王伦在平时忽视了事业、感情、利益、价值观等各方面的认同感建设，所以梁山上的人跟他都不是一条心，最后王伦只能被团队抛弃，被夺权者消灭。

晁盖见杀了王伦，各擎刀在手。林冲早把王伦首级割下来，提在手里。吓得那杜迁、宋万、朱贵，都跪下说道："愿随哥执鞭坠镫。"晁盖等慌忙扶起三人来。吴用就血泊里拽过头把交椅来，便纳林冲坐地，叫道："如有不伏者，将王伦为例！今日扶林教头为山寨之主。"林冲大叫道："差矣，先生！我今日只为众豪杰义气为重上头,火并了这不仁之贼,实无心要谋此位。今日吴兄却让此第一位与林冲坐,岂不惹天下英雄耻笑!若欲相逼,宁死而不坐。我有片言,不知众位肯依我么?"众人道:"头领所言,谁敢不依?愿闻其言。"

在林冲的建议和吴用的安排之下,晁盖坐了第一,吴用坐了第二,公孙胜坐了第三,林冲排在第四。接下来是刘唐、阮氏三雄、杜迁、宋万和朱贵。梁山有惊无险地度过了第一次权力交接。现在的晁盖不但躲避了追捕,而且有了自己的事业;不但有了事业,而且当上了老大,有了追求自己梦想的舞台。

生活中,有人会给梦想插上翅膀,他超越了自己;有人只会做梦梦见翅膀,他满足了自己;还有一种人,他根本不知道什么是翅膀,每天吃上几个红烧鸡翅之后,他就认为自己成了鹰,这种人愚弄了自己。现在很多人读了几本励志书,学了一下互联网创业秘籍,听了两场成功学培训课,就认为自己可以飞翔了。

王伦跟这些人都不一样,他知道自己根本不可能长翅膀,所以王伦的做法是对一切比自己高的都说"不",使用排斥和否定的方式,保护自己在领地中的高度优势。结局就是,他毁了自己。

所以一个人升职好不好?这得看情况,不长本事就升职,这事不好。

中国古人有一句话叫"权胜才必有辱,威胜德必有祸"。前一句是说,你的权力要是大过你的才华,日常工作就会丢人。王伦就是这样丢人的。后一句是说，道德风范、人脉积累没有那么多，偏偏要摆那么大的谱，就要倒霉！王伦是先受辱，后倒霉。所以一个人先要自我成长，才能去做大事。

晁盖、吴用等人刚刚在梁山站稳脚跟，不久大事就发生了。江州城传来消息，宋江宋公明和神行太保戴宗遭奸人黄文炳陷害，要被开刀问斩。晁盖拍板决定梁山要全伙下山去搭救兄弟，并且顺势劝宋江上山入伙。那么搭救宋江能否成功，一直不肯入伙的宋三郎这次会上梁山吗？我们下一讲接着说。

第八讲

心服口服有诀窍

看到有人在朋友圈里热烈讨论一个问题：金庸先生小说里，你最喜欢哪位英雄？有人说萧峰，有人选段誉，还有人选张无忌。又有人说，功夫最高的一位是少林那位扫地僧。评论的人很多，可见人们总是对英雄倾注着太多的感情、太多的关注。从三国英雄、水浒英雄、隋唐英雄到三侠五义英雄，各种英雄传奇一直深深吸引着我们。

其实，中国历史上有三类英雄，有武的英雄，有文的英雄，特别提醒大家，还有第三类英雄。他们本身文武都一般，却可以带领一群文臣武将去干一番大事业。我们把这一类英雄叫管理英雄。

武的英雄靠武，文的英雄靠文，管理英雄靠什么？答，靠人。可是这个世界上，人心往往难测，靠人是最难的、最有风险的。所以第三类英雄很难修炼，成为一个管理英雄，确实需要具备一些特殊技能和特殊禀赋。

晁盖带领梁山好汉全伙下山，身处绝境的宋江再次绝处逢生，在江州法场上被众人解救出来。此时他只有一个选择，就是上梁山聚义。接下来，宋江即将成为一个威震江湖、叱咤风云的领军人物。那么他能不能成为一个合格的管理英雄呢？

细节故事：白龙庙英雄小聚义

江州城中心十字街口摆开了杀人的刑场，早饭后点起五百士兵和刽子手，守在大牢前。半晌午时，亲自当监斩官的蔡九来到大牢，提出宋江、戴宗，让黄孔目写了亡命牌，插在二人背后，让二人拜了狱神，吃了长休饭、永别酒，前呼后拥着推出牢门，直奔刑场。只待午时三刻，开刀问斩。

就在这时，东街上来了一伙玩蛇的乞丐，被士兵阻挡，吵闹不休。西街上过来一伙使枪棒卖膏药的，也要过去。南街上过来一伙挑担的脚夫，闹闹嚷嚷。北街上过来一伙商贩，拥着两辆车子，硬要通过刑场赶路。

四下里闹成一片，众士兵只好分头阻拦。正闹着，司时官报：午时三刻到！蔡九传令：行刑！两个刽子手捧着鬼头刀走向刑场，正待动手，北街上忽然响起几声锣响，就见乞丐、卖膏药的、脚夫、商贩，各持兵器，杀向士兵。原来扮客商的这伙儿，便是晁盖、花荣、黄信、吕方、郭盛。那伙儿扮使枪棒的，便是燕顺、刘唐、杜迁、宋万。扮挑担的，便是朱贵、王矮虎、郑天寿、石勇。那伙扮丐者的，便是阮小二、阮小五、阮小七、白胜。这一行，梁山泊共是十七个头领到来。带领小喽罗一百余人，四下里杀将起来。

忽听半天空里一声霹雳，只见一个脱光膀子的黑大汉，挥动两把板斧，从房上跳下来，手起斧落，两个刽子手已被砍翻，又向蔡九杀去。众士兵纷纷拦截，早有十多人葬身斧下，蔡九只好拨转马头逃命要紧。

黑大汉不管三七二十一，不分兵丁、百姓，见人就砍。晁盖猛然想起，戴宗曾说过有个黑旋风李逵，最佩服宋江，便喊：那位好汉，是不是黑旋风？李逵正杀得高兴，也不理晁盖，两把斧子乱砍过去。几个好汉冲进刑场，割断宋江、戴宗身上的绑绳，背起二人。晁盖不识道路，便命令跟着李逵杀出城去。众好汉跟着李逵来到江边，江边有一座白龙庙，庙门紧闭。李逵一斧把门劈开，众人都跟了进去。宋江才睁开眼，放声大哭，说：晁哥哥，莫非是梦中相见？晁盖劝住宋江说：恩兄不肯留在山上，又受了多少危难。那黑汉是不是李逵？宋江说：正是他。李逵见了朱贵，认出是同乡，高兴非常。花荣说：李大哥只顾乱杀，把我们领到这绝路上，若是官兵追来，怎么办？李逵说：咱们再杀回去，把那蔡九也砍他娘的！戴宗喝道：胡说！江州城里有七八千人马，再杀进去就出不来了。阮小七说：对岸有几只船，我们弟兄游过去，把那船夺来渡江。

正说着，上游下来三艘大船，每条船上都有几十个人，人人手持兵器。船上有人问：你们是什么人？宋江一看，却是张顺，大叫：兄弟快救我。三艘船靠了岸，却是张顺、张横、李俊、二童、二穆、李立、薛永等好汉，率领穆家的庄客和私盐贩子数十名。张顺说：我听说二位哥哥吃了官司，又找不到李逵大哥，无法可想，就过江找了李俊大哥等人，正要杀奔江州劫牢，不想却在这里遇到哥哥。宋江引见：这位是晁天王晁盖哥哥。众好汉互相拜了，共是二十九位好汉，《水浒传》的这一回叫"梁山泊好汉劫法场　白龙庙英雄小聚义"。

细节故事：宋江智取无为军

脱离江州牢狱苦，宋江要报血海仇。宋江要去无为军捉拿仇人黄文炳，但是这和晁盖的想法产生了分歧。

宋江起身与众人道："小人宋江、戴院长，若无众好汉相救时，皆死于非命。今日之恩，深于沧海。如何报答得众位！只恨黄文炳那厮，无中生有，要害我们，这冤仇如何不报？怎地启请众位好汉，再做个天大人情，去打了无为军，杀得黄文炳那厮，也与宋江消了这口无穷之恨。那时回去如何？"晁盖道："贤弟众人在此，我们众人偷营劫寨，只可使一遍，如何再行得？似此奸贼，已有提备，不若且回山寨去聚起大队人马，一发和学究、公孙二先生，并林冲、秦明都来报仇，也未为晚矣。"宋江道："若是回山去了，再不能勾得来。一者山遥路远，二乃江州必然申开明文，几时得来，不要痴想。只是趁这个机会，便好下手。不要等他做了个准备，难以报仇。"花荣道："哥哥见得是。然虽如此，只是无人识得路境，不知他地理如何。可先得个人去那里城中探听虚实，也要看无为军出没的路径去处，就要认黄文炳那贼的住处了，然后方好下手。"薛永便起身说道："小弟多在江湖上行，此处无为军最熟。我去探听一遭如何？"宋江道："若得贤弟去走一遭，最好。"薛永当日别了众人，自去了。

智取无为军是宋江军事生涯的第一个战役，也是很体现宋江领导才能、指挥艺术的战役。仔细分析起来，此次战役体现了"四有"的特点。

一是有原则。不伤无辜不害善人，战前明确了一是不伤害无辜百姓，二是不伤害黄文炳的哥哥黄文烨一家人。为此还特意了解了黄氏兄弟住宅的位置格局，确保了不发生误伤事件。

二是有方法。里应外合知己知彼，派出薛永去侦察敌情，又通过薛永联络到徒弟侯健，全面掌握了无为军和黄文炳家的具体情况。战前派出白胜、石勇、杜迁渗透进城中，一个上城打信号，两个潜伏城门保护退路。

三是有谋划。前攻后防，中心开花，侧翼保障。朱贵、宋万留守穆家庄，江上安排巡逻的，芦苇荡里备好接应船只，不采取强攻而是以救火名义骗开黄文炳家大门，前边一打响后边就夺城门；撤退的时候，留弓箭手断后，分城上城下两路退出无为军。

四是有安排。合理配置，人尽其才。偷盗高手白胜偷上城头打旗做标记，有江湖行走经历的石勇、杜迁扮演乞丐，地理熟悉的侯健、薛永做向导，善于使船的三阮、二童配置在二线专门备船接应、不参加前线战斗，神射手小李广花荣撤退的时候负责弓箭断后，水性好的李俊、张顺派去江上往来巡逻，这个细心的安排保证了最后在江上活捉仇人黄文炳。

智取无为军一战的全面胜利，体现了宋江优秀的指挥才能：重大行动中统筹规划周密细致，安排调度准确恰当。经过了这场战斗之后，宋江的领导才能得到了包括晁盖在内的所有英雄好汉的赞许。

《水浒传》第四十一回中，整个智取无为军的战役过程是这样的。

首先，侯健做内应。薛永去了五日回来，带将一个人回到庄上来，拜见宋江。宋江看那人时，但见：黑瘦身材两眼鲜，智高胆大性如绵。荆湖第一裁缝手，侯健人称通臂猿。宋江并众头领看见薛永引这个人来，宋江便问道："兄弟，这位壮士是谁？"薛永答道："这人姓侯名健，祖居洪都人氏。江湖上人称他第一手裁缝。端的是飞针走线；更兼惯习枪棒，曾拜薛永为师。人都见他瘦，因此唤他做通臂猿。见在这无为军城里黄文炳家做生活。因见了小弟，就请在此。"

……

侯健道："小人自幼只爱习学枪棒，多得薛师父指教，因此不敢忘恩。近日黄通判特取小人来无为军他家做衣服，因出来行食，遇见师父，题起仁兄大名，说出此一节事来。小人要结识仁兄，特来报知备细。这黄文炳有个嫡亲哥哥，唤做黄文烨，与这文炳是一母所生二子。这黄文烨平生只是行善事，修桥补路，塑佛斋僧，扶危济困，救拔贫苦，那无为军城中都叫他黄佛子。这黄文炳虽是罢闲通判，心里只要害人：胜如己者妒之，不如己者害之。只是行歹事，无为军都叫他做黄蜂刺。他弟兄两个分开做两处住，只在一条巷内出入，靠北门里便是他家。黄文炳贴着城住，黄文烨近着大街。小人在他那里做生活，打听得黄通判回家来说：'这件事，蔡九知府已被瞒过了，却是我点拨他，教知府先斩了然后奏去。'黄文烨听得说时，只在背后骂说道：'又做这等短命促掐的事！于你无干，何故定要害他？倘或有天理之时，报应只在目前，却不是反招其祸！'这两日听得劫了法场，好生吃惊。昨夜去江州探望蔡九知府，与他计较，尚未回来。"宋江道："黄文炳隔着他哥哥家多少路？"侯健道："原是一家分开的，如今只隔着中间一个菜园。"宋江道："黄文炳家多少人口？有几房头？"侯健道："男子妇人通有四五十口。"

其次，周密安排部署。宋江道："天教我报仇，特地送这个人来。虽是如此，全靠众弟兄维持。"众人齐声应道："当以死向前。正要驱除这等赃滥奸恶之人，与哥哥报仇雪恨，当效死力！"宋江又道："只恨黄文炳那贼一个，却与无为军百姓无干。他兄既然仁德，亦不可害他。休教天下人骂我等不仁。众弟兄去时，不可分毫侵害百姓。今去那里,我有一计。只望众人扶助扶助。"众头领齐声道:"专听哥哥指教。"

宋江道:"有烦穆太公对付八九十个叉袋,又要百十束芦柴,用着五只大船,两只小船。央及张顺、李俊驾两只小船,在江面上与他如此行。五只大船上,用着张横、三阮、童威和识水的人护船。此计方可。"穆弘道:"此间芦苇、油柴、布袋都有。我庄上的人都会使水驾船。便请哥哥行事。"宋江道:"却用侯家兄弟引着薛永并白胜,先去无为军城中藏了。来日三更二点为期,只听门外放起带铃鹁鸽,便教白胜上城策应。先插一条白绢号带,近黄文炳家,便是上城去处。再又教石勇、杜迁,扮做丐者,去城门边左近埋伏。只看火起为号,便下手杀把门军士。李俊、张顺只在江面上往来巡绰,等候策应。"

最后,成功捉拿黄文炳。众头领分拨下船:晁盖、宋江、花荣在童威船上;燕顺、王矮虎、郑天寿在张横船上;戴宗、刘唐、黄信在阮小二船上;吕方、郭盛、李立在阮小五船上;穆弘、穆春、李逵在阮小七船上。只留下朱贵、宋万在穆太公庄,看理江州城里消息……

是夜初更前后,大小船只都到无为江岸边,拣那有芦苇深处,一字儿缆定了船只。只见童猛回船来报道:"城里并无些动静。"宋江便叫手下众人,把这沙土布袋和芦苇干柴,都搬上岸,望城边来。听那更鼓时,正打二更。宋江叫小喽罗各各抱了沙土布袋并芦柴,就城边堆垛了。众好汉各挺手中军器。只留张横、三阮、两童守船接应，其余头领都奔城边来。望城上时，约离北门有半里之路。宋江便叫放起带铃鹁鸽。只见城上一条竹竿，缚着白号带，风飘起来。宋江见了，便叫军士就这城边堆起沙土布袋。分付军汉，一面挑担芦苇油柴上城。只见白胜已在那里接应等候，把手指与众军汉道："只那条巷便是黄文炳住处。"宋江问白胜道："薛永、侯健在那里？"白胜道："他两个潜入黄文炳家里去了，只等哥哥到来。"宋江又问道："你曾见石勇、杜迁么？"白胜道："他两个在城门边左近伺候。"宋江听罢，引了众好汉下城来，径到黄文炳门前，却见侯健闪在房檐下。宋江唤来，附耳低言道："你去将菜园门开了，放他军士把芦苇油柴堆放里面。可教薛永寻把火来点着，却去敲黄文炳门道：'间壁大官人家失火，有箱笼什物搬来寄顿。'敲得门开，我自有摆布。"

宋江教众好汉分几个将住两头。侯健先去开了菜园门。军汉把芦柴搬来堆在里面。侯健就讨了火种，递与薛永，将来点着。侯健便闪出来，却去敲门，叫道："间壁大官人家失火，有箱笼搬来寄顿。快开门则个！"里面听得，便起来看时，望见隔壁火起，连忙开门出来。晁盖、宋江等纳声喊杀将入去。

当时石勇、杜迁已杀倒把门军士，李逵砍断了铁锁，打开了城门。一半人从城上出去，一半人从城门下出去。张横、三阮、两童都来接应，合作一处，扛抬财物上船。李俊、张顺在江上巡逻又抓住了黄文炳。

规律分析：当老大需要具备的本事

俗话说，没有金刚钻，不揽瓷器活，没有三把神沙不敢倒反西岐。很多人读《水浒传》都有一个问题想不通：宋江有什么本事，使得那么多本事比他大的人都认他作老大？我们来分析一下。

宋江的武艺稀松平常。宋江第一次出场时是这样介绍的：更兼爱习枪棒，学得武艺多般。照这看宋江会武，但他的武艺是强是弱？没有明确答复，因为宋江确实没有什么动武的机会。一般都是他的兄弟特别是黑旋风李逵跳出来扑上去了。这其实也符合一个基本规律：领导一般不动武。搜索一下仅有的几次存在动武可能性的场景，大家想想之前讲过的浔阳江上遇到船火儿张横，在三对一人数占优势的情况下宋江的表现是"酥软了""抱作一团""下跪求饶"，可见宋江的武艺关键时刻用不上。不过有一次例外，在揭阳镇上，宋江赏了卖艺的薛永五两银子，恼了地头蛇穆春，要找宋江晦气。"那大汉提起双拳劈脸打来，宋江躲个过，那大汉又赶入一步来。宋江却待要和他放对"，这是宋江表现得最勇敢的一次，不但没求饶，躲过了双拳，还敢"放对"。可惜这么难得的一次机会让薛永搅了，宋江还是没能展示一下实力。不过可以分析一下，宋江敢和穆春"放对"，定是觉得有点把握，遇到别的对手就没这么勇敢了，那是估计自己白给，不如直接求饶。据此推断宋江的武艺大致和穆春相当。穆春的武艺怎么样？紧接着，"只见那个使棒的教头从人背后赶将来，一只手揪这那大汉头巾，一只手提住腰胯，望那大汉肋骨上只一兜，浪跄一交，颠翻在地。那大汉却待挣扎起来，又被这教头只一脚踢翻了"，穆春连伸手的机会也没有就被薛永两次打倒，薛永只是梁山上二三流角色，穆春的功夫可说是极其平庸。代换一下，如果宋江和薛永单挑，应该也是上去就被打倒在地的结果。

宋江的战斗指挥才能出众，但也并非独一无二。宋江参与的作战基本上都很成功，打祝家庄、闹华山、攻大名、取东平、两破童贯三败高俅，破高唐州，大破连环马。不过每次都有军师吴用出谋划策，更兼入云龙公孙胜法力相助。如果单论指挥作战的本事，吴用、朱武都很出色，甚至混世魔王樊瑞、双鞭呼延灼、大刀关胜都很有些本事，包括神算子蒋敬、圣手书生萧让都能使出些手段来。所以宋江做老大也不是靠军事才能。

原著介绍宋江还有一条"刀笔精通，吏道纯熟"，但这只是办公室工作、行政管理、文案处理能力，不算做老大的本事。若论"吏道"，铁面孔目裴宣不比宋江差；若论文笔，圣手书生萧让更比宋江强。

做生意要有本钱，当老大也要有本钱。其实，宋江当上梁山老大，凭借的是以下三个能力：胸怀、远见、激励。

前边我们讲过宋江的激励能力，包括成全别人的人自己成就最大、不看要求看需求、好领导要做宋公明、精神的内容要有物质的载体，这都是宋江身上最有价值的能力。

接下来，我们分析一下宋江的胸怀能力和远见能力。

胸怀能力：适度低姿态，在强势与弱势间保持平衡

《水浒传》第四十一回，无为军胜利之后，宋江请众好汉一起上山入伙。他是怎么做的呢？只见宋江先跪在地下，众头领慌忙都跪下，齐道："哥哥有甚事，但说不妨。兄弟们敢不听！"宋江便道："小可不才，自小学吏，初世为人，便是要结识天下好汉。奈缘是力薄才疏，家贫不能接待，以遂平生之愿。自从刺配江州，经过之时，多感晁头领并众豪杰苦苦相留。宋江因见父命严训，不曾肯住。正是天赐机会，于路直至浔阳江上，又遭际许多豪杰。不想小可不才，一时间酒后狂言，险累了戴院长性命。感谢众位豪杰，不避凶险，来虎穴龙潭，力救残生。又蒙协助报了冤仇，恩同天地。今日如此犯下大罪，闹了两座州城，必然申奏去了。今日不由宋江不上梁山泊，投托哥哥去。未知众位意下若何？如是相从者，只今收拾便行。如不愿去的，一听尊命。只恐事发，反遭负累。烦可寻思。……"

说言未绝，李逵跳将起来便叫道："都去，都去！但有不去的，吃我一鸟斧，砍做两截便罢！"宋江道："你这般粗卤说话！全在各人弟兄们心肯意肯，方可同去。"

宋江是一个肯下跪的领导。宋江这个人好跪，尽管名气很大，却喜欢给人下跪，尤其是喜欢跪兄弟，动不动就给兄弟跪了。不过仔细分析一下可以看到，宋江在兄弟面前并不是瞎跪乱跪，他是有套路的。宋江下跪分为以下四种情况。

一是脱身跪。紧急情况，身处危险之中，为拖延时间，寻找出路，比如浔阳江跪张横。

二是说服跪。用于扩大影响力，说服下属，比如：当矮脚虎王英要搂抱知寨刘高的女人交欢时，宋江想救下这个女人，为的是日后和花荣说话方便些。可是，说话不管用，宋江便跪一跪道："贤弟若要压寨夫人时，日后宋江拣一个停当好的，在下纳财进礼，娶一个服侍贤弟。只是这个娘子，是小人友人同僚正官之妻，怎地做个人情，放了他则个。"结果，燕顺等人便遂了宋江的心愿，放那女人下山。

三是诚意跪。一般用于请人上山或招降对手，用下跪弥合分歧，展示自己的真心和诚意，比如招降吃了败仗的关胜、呼延灼用的都是这个方式。

四是尊敬跪。对待德高望重的人，用下跪展示自己的敬仰；对待威胁自己的人，用跪来缓和关系，并且展示自己的胸怀。比如对待玉麒麟卢俊义，当卢俊义被救时，宋江见了卢俊义，纳头便拜。卢俊义慌忙答礼。宋江道："我等众人，欲请员外上山，同聚大义。不想却遭此难，几被倾送，寸心如割！皇天垂祐，今日再得相见，大慰平生。"

总结起来，宋江的跪有三个作用。

第一是感情作用，使用震撼性的方式表达自己强烈的感情，老大下跪，好汉掉泪；第二是形象作用，建立自己虚怀若谷、礼贤下士的形象，老大下跪，人人钦佩；第三是关系作用，用下跪来给影响力翻番加倍，老大下跪，威力加倍。

有人说，宋江这一跪效果真好，那我也学一下吧。大家注意啊，学习一个成功经验最重要的是看它的前提条件，不看前提条件就学习别人所谓的成功经验，可能不会成功，甚至会把自己害死。

宋江下跪有两个重要的前提：第一，宋江名满天下，他已经具备了无形资产和品牌影响力了；第二，英雄好汉都特别信服宋江，他的权威也足够。在这种权威足够、影响力足够的情况下，使用下跪策略那就很有效了。所以，再一次提醒大家，学习成功经验得先看前提条件。

在这个"黑社会"当中，这样的低姿态也隐藏着一个风险，梁山不是读书人团队，不是君子团队，而是一个打家劫舍的江湖团队。万一这帮小兄弟都觉得老大软弱可欺，不服管理闹将起来，怎么办？

宋江有办法。在表达弱势低姿态的同时，他还有一个展示强势的方式。

这个方式，要从宋江身边的一个重要人士说起。大家注意，宋江不管走到哪里都要带一个人，这个人就是黑旋风李逵。哪一个胆敢闹起来，自然有李逵跳出来收拾他，宋江再把李逵呵斥到一边，这样局面很快就控制住了。

这叫用人事手段应对管理挑战，用温柔手段关注野蛮人。一个管理者要善于在低姿态的同时，间接地保持强势，震慑那些敢于违反纪律、破坏团结的人。

远见能力：愿景规划理念拔高，在务实与拔高间保持平衡

《水浒传》第七十一回"忠义堂石碣受天文 梁山泊英雄排座次"描述了一个经典案例——竖立杏黄旗。

从新置立旌旗等项。山顶上立一面杏黄旗，上书"替天行道"四字。忠义堂前绣字红旗二面。一书"山东呼保义"，一书"河北玉麒麟"。外设飞龙飞虎旗，飞熊飞豹旗，青龙白虎旗，朱雀玄武旗，黄钺白旄，青幡皂盖，绯缨黑纛。中军器械外，又有四斗五方旗，三才九曜旗，二十八宿旗，六十四卦旗，周天九宫八卦旗，一百二十四面镇天旗。尽是侯健制造。金大坚铸造兵符印信。一切完备。选定吉日良时，杀牛宰马，祭献天地神明，挂上"忠义堂"、"断金亭"牌额，立起"替天行道"杏黄旗。堂前柱上，立碌红牌二面，各有金书七个字，道是："常怀贞烈常忠义，不爱资财不扰民。"

劫道与行道只是一字之差，但是奥妙无穷。

《水浒传》的基本团队模式就是共享财富，即"大秤分金，小秤分银；大碗喝酒，小碗吃肉"。每次劫来的钱都是分做两半，一半小喽啰们分，一半头领们分，从不攒着，都给大家共享。在这个利益驱动的基础上，有一个新的问题产生了。俗话说，没有物质是不行的，只有物质是不够的。利益驱动，得有钱才行。水泊梁山这地方，弹丸之地。这一百零八条好汉啸聚山林，十万大军花天酒地，钱从哪儿来？不炒基金、不炒股，没有企业赞助，不当形象代言人，地底下既没石油，也没煤矿……

梁山要健康发展，没钱不行啊！我们猜想，那就必须有一群人默默无闻、兢兢业业，战斗在劫道和开黑店的一线。梁山的一线干的是杀人越货、劫道抢人的买卖，让一个境界低的人去劫道，比如小霸王周通、船火儿张横、矮脚虎王英等人，他们杀人不眨眼，拿过来就抢、张嘴就骂、举手就杀，很容易。但是你让大英雄林冲这样的人去劫道，劫一个无辜的老百姓，他们会很不好意思。这违反他们的价值观，他们觉得干这等勾当甚是丢人。

林冲劫道怎么劫？大黑天去，黑纱蒙面，不敢露脸；枪不敢拿，拿把刀；马不敢骑，骑个驴。为什么呢？林冲是"开封武术学校"的教练，人人都认识。林冲要去劫道，把枪一亮，人家问：林教授，你也干上这一行了？林冲的脸"腾"的就红了，臊死了。所以林冲得拿一把刀挡住脸，而且劫道时不敢说话。就三个动作：第一个，亮家伙，你怕我；第二个，东西搁我这，我要那个；第三个，门在那儿，赶紧跑。几个动作，把那人吓跑。然后，林冲拿起包袱转身就跑，他比那被劫的跑得还快。

境界越低的员工业绩越好，境界越高的员工业绩越差。为什么？

因为人们干工作通常遵循两种机制，一种是交换，另一种是认同。

第一，什么是交换呢？就是给钱就干不给不干，多给多干少给少干。用一首诗来形容：你一会儿看我／一会儿看钱／我觉得／你看我时我们离得很远／看钱时／我们离得很近。整个队伍的运作是靠利益链条来维持的，这肯定不行。这种利益联盟平时还可以发挥一定作用，但是一旦遇到困难和挑战，一定会树倒猢狲散。

第二，什么是认同呢？就是看到意义看到价值，发自内心地热爱。如何让英雄们一边抢钱，一边认为这是有意义的？最后宋江就想出一个辙来，立一杆大旗，上写四个大字"替天行道"——了不起呀！

宋江这是在告诉自己的员工：各位，我们不是抢钱，我们这叫行道，是老天爷派你们来的。我们劫富人天经地义，我们劫穷人他命里该着，至少对他是一种人生的锻炼。我们根本就不是劫道，我们这叫有组织的武装募捐。各位都是梁山的爱心大使，愿意交钱的，我们感谢他；不愿意交钱的，我们教育他；敢反抗的，代表月亮消灭他。

让我们再看看大英雄怎么劫道。林冲大白天就敢去了，穿戴整齐，西装革履，还自我宣传，我叫林冲，水泊梁山第五号！

带领团队干事业让人觉得实惠很容易，让人觉得光荣是最难的。但实惠只能留住普通人，光荣才能激励高人。要有实惠更要有理想信念，在完成挑战性任务的时候，一定要让人感觉到光荣才行，正所谓梦想的鼓舞胜过胡萝卜的诱惑。

俗话说，万丈高楼平地起。任何伟大的事业，都是一块砖、一块瓦，一层一层垒起来的。当领导的，在打地基的时候，头脑里就有了万丈高楼的蓝图，甚为壮观。但是跟你一起工作的基层员工，每天干的就是和泥、垒砖，和泥、垒砖……你说和泥、垒砖这事谁能热爱？当团队领导的，得让他们看到砖和水泥背后壮丽的大厦。

基层同志干工作，特别容易陷在和泥、垒砖的痛苦当中。领导要做的是精神提升，在员工每天和泥、垒砖的时候，亲临工地现场，在他们背后展开一幅壮丽的大厦图，告诉他们：你们看看，你们根本就不是在和泥、垒砖，你们在盖这座大厦。这大厦对国家、对民族有意义，世界第一，前所未有。讲完了意义，再告诉他们：小伙子们，你们的名字将在大厦建成之后刻在墙上，让你们青史留名。讲完这个以后，你还要给他们讲一件事，即有了愿景规划、远大理想提升之后，你还要跟他们谈谈个人价值的实现。你得跟他们说：小伙子们，你们看看这大厦第七层的房间是给我们员工准备的，精装修、送家具、有鲜花、有水果，你们的未来就在那了，加油干吧！听完这些，小伙子们肯定连夜加班，谁不叫他们干，他们就拿板砖拍谁。

当事业达到一定的层次了，中小企业要蜕变成大企业、基业长青型企业了，就要靠愿景规划、远大理想来提升。

宋江树大旗，代表了宋江对团队管理有了一个很深入的理解。管理团队要两条腿走路，既给物质也给精神，给物质比较容易，给精神比较难。因为给精神要达到一定的境界，宋江提倡的"替天行道"，就达到了一定的境界。

在给精神的过程中，有一个问题需要注意。很多领导都特实在，实在到糊涂的程度。他们说：同志们，咱们也甭讲得那么高，都是实在人，就一句话，老老实实多挣银子回去养活老婆孩子，散会！讲完后，群众鼓掌都说领导真实在，领导自己还很得意。殊不知，这样只能调动普通人，不能激励高人。

普通的马需要草料，但是千里马需要的是草原。带队伍一定得上下结合、高低匹配；既用物质手段，也用精神手段。不讲替天行道，那梁山一伙就是武装土匪打家劫舍，但是一讲替天行道那就完全不一样了，他们就成了英雄好汉了。一竖大旗意义非凡，竖起大旗，这是努力做事，不竖大旗，那就是努力作贱。

宋江在梁山发展的关键时期，考虑到了方向的问题、形象的问题、理念的问题。最后竖起了这面杏黄旗，说明他是一个有远见的领导。这在现实当中同样具有借鉴意义：当钱多到足以解决生活问题的时候，我们必须开始认真地去思考"生活"这两个字的意义了。

我们可以用激烈的手段去对抗恶人，但是我们自己不能在对抗中失去本心。所以宋江竖旗之后，还有一个价值观坚守和团队教育的问题。他要说的是，坏人太疯狂，而好人太善良，我们要用自己的疯狂去保护别人的善良，但是我们不可以借疯狂之名而背离善良本性。

宋江在成为梁山领导之后，人际关系上保持了低姿态，战略上保持了高姿态，运用竖大旗的策略，实现了愿景规划和远大理想提升，凝聚了人心，强化了号召力和影响力。

最后我想用一首小诗给宋江做个总结：

> 你站在屋顶看大旗，
> 看大旗的人站在旗下看你。
> 旗帜点缀了你的窗口，
> 你点亮了大家的梦。

通过以上分析，大家可以看到，宋江是很善于带领团队的，他是一个很优秀的领导者。不过一个大问题就出来了，宋江这么善于带队伍、这么有威信，但是他的身份是二把手。宋江是个副职啊，他的上边还有大头领晁盖晁天王。随着宋江的影响力越来越大、权威性越来越高，在梁山的一把手和二把手之间，裂痕正在逐渐形成和扩大。那么，这个裂痕会不会影响晁盖和宋江的关系，会不会影响梁山的发展呢？用日常的人际关系手段又该如何去弥补这个裂痕呢？我们下一讲接着说。

第九讲

宋江不是接班人

话说苦辣酸甜各有一味，春兰秋菊各有一美，晁盖和宋江都是梁山的领导人，但是他们有着明显的不同。有人说砸锅的事情找晁盖，补锅的事情找宋江。你看，要劫持生辰纲就得找晁盖，惹祸的事情晁盖敢做；但是要解脱官司躲避追捕，那要找宋江，脱身的事情宋江擅长。梁山正堂在晁盖手里是聚义厅，到宋江手里变成了忠义堂。晁盖想的是兄弟们快活，宋江想的是将来得受招安，需要在体制内做点轰轰烈烈的事情。所以有人说，晁盖要反朝廷，造反的"反"，宋江要返朝廷，返回的"返"。

这两个反差巨大的领导一旦搭伙组成领导班子，会出现什么问题呢？今天我们来讲一讲。

细节场面：英雄好汉是吃货

讲领导方式就得先分析团队状况。如果用三个词来描述梁山好汉这一群人的整体特征，我会选三个：冲动、能吃、胆子大。这三个特点中，让人印象最深刻的就是能吃。好汉们大碗吃酒大块吃肉，动不动就是杀牛宰羊。行走江湖，最常说的是：小二，切五斤牛肉来。好汉们不光饭量大而且顿数多，单看看宋江在柴进庄上，那是见面吃、分别吃、接风吃、压惊吃；后来到了清风山前半夜吃完，后半夜吃；到了江州城，认戴宗吃，遇李逵吃，结交张顺吃。来一个人换一个包间，点了新酒菜再吃，实在没有人了，宋江一个人到了浔阳楼，也要安排，只见"少时，一托盘把上楼来。一樽蓝桥风月美酒，摆下菜蔬时新果品按酒，列几般肥羊、嫩鸡、酿鹅、精肉，尽使朱红盘碟"。

那真是，好汉个个是吃货，英雄人人爱美食。《水浒传》中的饭菜一般分四种规格。

第一种，一般家庭正餐。第二回，教头王进和母亲去延安府投亲，一日行至延安府附近，天色将晚，于是母子二人便投一处庄院借宿。这是庄主史太公和儿子史进的庄院，当史太公得知王进母子还未吃饭时，就叫庄客安排饭来。没多时，就在厅上放开条桌子。庄客托出一桶盘，四样菜蔬，一盘牛肉，铺放桌子上。先烫酒来筛下。太公道："村落中无甚相待，休得见怪。"

第二种，丰盛的大餐。第四回，鲁达杀了郑屠以后逃至代州雁门县，在此巧遇在渭州酒楼上救了的金翠莲父女。金老赶忙拉鲁达离开，告诉他女儿已被此地一个大财主赵员外养做外宅，衣食足丰。说话间来到赵员外家，金老和小厮上街来，买了些鲜鱼、嫩鸡、酿鹅、肥鲊、时新果子之类归来。一面开酒，收拾菜蔬，都早摆了，搬上楼来。春台上放下三个盏子，三双箸，铺下菜蔬果子下饭等物。丫鬟将银酒壶烫上酒来，子父二人轮番把盏。

第三种，领导招待餐。第十四回，介绍晁盖时说：祖是本县本乡富户，平生仗义疏财，专爱结识天下好汉。但有人来投奔他的，不论好歹，便留在庄上住。

晁盖招待郓城县都头雷横时是这样写的：晁盖坐了主位，雷横坐了客席。两个坐定，庄客铺下果品按酒，菜蔬盘馔。庄客一面筛酒，晁盖又叫置酒与士兵众人吃。庄客请众人，都引去廊下客位里管待。大盘酒肉，只管叫众人吃。

第四种，临时的套餐、简餐。第三十七回，宋江被发配江州，三人行到揭阳岭镇时天色已晚，于是便到一座大庄院敲门请求留宿。宋江等人参见了庄主太公。太公分付教庄客领去门房里安歇，就与他们些晚饭吃。庄客听了，引去门首草房下，点起一碗灯，教三个歇定了；取三分饭食羹汤菜蔬，教他三个吃了。

不过，梁山好汉的吃喝可是超出常规的，规模大、频次多、味道好，可以随时进行。

仅第四十一回至第四十二回闹江州劫法场这次来说，大规模的组织吃饭聚会就有三次。第一次是穆太公庄上，梁山好汉劫了法场，救出了宋江、戴宗，在江边将官军杀得大败，穆弘邀请众好汉来到穆太公庄院内。当日穆弘叫庄客宰了一头黄牛，杀了十数个猪羊，鸡鹅鱼鸭，珍肴异馔，排下筵席，管待众头领。

第二次是黄门山遇到摩云金翅欧鹏、神算子蒋敬、铁笛仙马麟和九尾龟陶宗旺四位好汉入伙。这四筹好汉接住宋江，小喽罗早捧过果盒，一大壶酒，两大盘肉，托过来把盏。先递晁盖、宋江，次递花荣、戴宗、李逵。与众人都相见了。一面递酒。没两个时辰，第二起头领又到了，一个个尽都相见。把盏已遍，邀请众位上山。两起十位头领，先来到黄门山寨内。那四筹好汉便叫椎牛宰马管待，却教小喽罗陆续下山接请后面那三起十八位头领上山来筵宴。未及半日，三起好汉已都来到了，尽在聚义厅上筵席相会。

第三次是众人回到梁山，晁盖叫众多小喽罗参拜了新头领李俊等，都参见了。连日山寨里杀牛宰马，作庆贺筵席，不在话下。

一百回版本的《水浒传》，写大规模吃喝宴会的共有四十八回，接近一半，还不算中间的普通见面吃饭。

一边逼上梁山，一边吃上梁山；一边闯江湖，一边吃江湖；一边名满天下，一边吃满天下。

那么梁山好汉吃的都是什么呢？《水浒传》中所叙述的食物不多，整理一下可以得到以下五个类别。

一、肉类：有牛肉、羊肉、猪肉、马肉、狗肉、熊掌、驼蹄、鸡鸭鹅，做法上有臊子、寸金软骨、炒肉、干肉、粑子、煎肉。

二、鱼类：有鲜鱼、肥鲜、鲤鱼、团鱼、鱼羹、鱼脍，偶有海鲜。

三、点心：有馄饨、馒头、烧饼、面饼、炊饼、饼馓、蒸卷、粽子、枣糕、挂面、素面、壮面、茶食、煎点等。

四、果子：有瓜、藕、桃、杏、梅、李、枇杷、枣子、山枣、京枣、柿、栗、松子、胡桃、雪梨、细糖果子等，但是需要依时令，没有反季节的果子。

五、汤类：有肉汤、粥汤、粉汤、梅汤、和合汤、醒酒二陈汤、加辣的红白鱼汤等。

规律分析：冲动进食与理想自我

说了半天吃了，大家的口水都要流出来了。那么这些吃，和梁山团队的组织方式有关系吗？回答是有。看一个人什么性格，就看他怎么吃。他怎么吃，他就是什么人。比如吃饭特别挑剔的人，待人接物也会很挑剔的。我们通过吃饭这件事，可以看出梁山团队的集体性格。先要给大家分析一种吃饭方式——冲动进食。

各位想想，很多快餐店的主色调是什么颜色？红色配黄色，这叫西红柿炒鸡蛋色。为什么一定要选这种颜色？有学问了。因为这种颜色搭配最有冲击力，大面积的红色点缀带状条状的黄色，冲击力很强，容易调动人的情绪，让人更加冲动。

在中国传统节日里，我们喜欢大量使用红色装点住宅；在传统婚礼上，新娘也要穿大红色衣服，其实道理一样，都是为了让人情绪高涨，增加激情。所以，白色的婚纱浪漫纯洁，放一段舒缓的婚礼进行曲，这是理性平和的节奏；大红盖头小红袄，花轿到门，鞭炮声中来段激昂的唢呐，这是热血沸腾的节奏。不同的风格有不同的方式。

快餐店的红黄搭配冲击色，再配上动感的音乐、温暖的灯光、开放的柜台、放大的食物照片，是为了调动人们的情绪，让人们冲动起来，让人们胃口大开。

吃东西分为理性进食和冲动进食两种。凡是控制不住体重，减了吃、吃了减的人，他们的进食方式基本都是冲动进食。一激动，吃得多；不开心，吃得多；受了打击，吃得多；有了惊喜，吃得多。情绪有点起伏，肯定会在吃上表现出来，那真是"春眠不觉晓，顿顿要吃好；夜来风雨声，早晨吃得撑"。

现代人的体重上升，肥胖人群增加，跟冲动进食的方式有很大的关系。改变冲动进食，就可以减轻肥胖症。建议大家平时控制自己的情绪，吃饭的时候听听舒缓的音乐，少吃高脂肪高热量的快餐，看电视的时候少吃甜腻的小零食，在电影院吃爆米花的时候，建议使用左手，这样可以起到克制的作用……

研究发现，冲动进食的方式和环境有关系，与习惯和认知有关系，更主要的是和人的性格有关系。

情绪化、爱冲动、有冒险倾向，这样的性格都会表现为冲动进食。

梁山好汉爱吃能吃，就是很明显的性格原因。

梁山好汉基本上都具备情绪化、爱冲动的性格。晁盖和英雄们很像，而宋江和好汉们就不太像。按理说，野鸭群里出了一只鹅，野鸭自然会排斥和自己不一样的那只。宋江遇到的情况却恰恰相反，他和兄弟们很多方面都不一样，但是他没有受到排斥，相反还受到了欢迎。

每个人心里都有两个"我"，一个本真自我，一个理想自我。

这两个"我"经常都是不一致的。一个人所能感受到的最大的进步，就是本真自我主动朝理想自我的方向发展。

不过很多时候，我们的人生会出现反差，理想自我并不容易达到。这个时候，就会出现一种有趣的人际关系现象，如果谁身上具备了我们的理想自我的特征，我们就会特别喜欢。这种现象可以称为补偿吸引。因为我们不能成为自己所期待的理想的样子，所以那些具备我们理想自我特征的人，就会深深吸引我们，和他们相处能使我们的心理得到安慰，得到补充。

这就很好地解释了，为什么很多反差特别大的人却可以成为好朋友，为什么土匪敬重教书先生，女汉子要和小萝莉做闺蜜，土豪都要到大学里去找朋友，五音不全的人和一个歌手特别亲近。

我们分析一下会发现，宋江身上有沉稳、理性、低调的一面，遇到事情都是统筹规划、周密分析、走一步看三步；而且宋江不是直肠子，有什么想法能忍得住，有什么不良情绪能压得下去。

这些都是好汉们不具备的，相信也是其中很多人特别羡慕，特别想具备但是做不到的。宋江就是很多人的理想自我的样子。所以，补偿吸引机制被启动了，很多人就会发自内心地接纳他、喜欢他。

我们经常说，要和群众打成一片，其实，仔细分析起来，这句话的意思是说：要和群众的真实自我保持接触，同时要展示理想自我的特点，获得大家的认同。打成一片，是和理想自我打成一片。很多没有经验的人，在成为团队领导之后，误以为打成一片就是大家什么样子，我也什么样子，大家喝酒吃肉爆粗口讲荤段子，那我也这样吧。那就错了。

宋江的优势就在于，既和眼前的兄弟们保持亲近，接纳他们的现实自我，又能突出自己的个性，展示兄弟们不具备的理想自我。总结一句话：

> **智慧箴言**
>
> 相同点只能造就亲近，不同点才能让人佩服。团队领导要通过自我修养、自我管理的方式，借助补偿吸引，增加凝聚力和号召力。

宋江的号召力和吸引力要比晁盖大，而在梁山晁盖是一把手，宋江是二把手，于是不知不觉之间，两个人的分歧就形成了。实践证明，一个团结的领导班子应该注意以下三个问题。

问题一：班子分工负责，主次不可倒置

梁山的两大阵营：第三十九回"前李后花水上张"，半路上还有欧鹏等四人，宋江的势力已成。自第三十九回至第五十六回，江州战役、祝家庄战役、高唐州战役。第五十七回宋江大破连环马。第五十八回青州战役，三山聚义。历经二龙山、桃花山、白虎山、少华山、芒砀山，众虎同心归水泊。

金毛犬献马生是非

收了芒砀山的混世魔王樊瑞等三位英雄之后，宋江同众好汉回转梁山泊来。戴宗于路飞报，听得回山，早报上山来。宋江军马已到梁山泊边，却欲过渡，只见芦苇岸边大路上，一个大汉望着宋江便拜。宋江慌忙下马扶住，问道："足下姓甚名谁？何处人氏？"那汉答道："小人姓段，双名景住。人见小弟赤发黄须，都呼小人为金

毛犬。祖贯是涿州人氏。平生只靠去北边地面盗马。今春去到枪竿岭北边，盗得一匹好马，雪练也似价白，浑身并无一根杂毛，头至尾长一丈，蹄至脊高八尺。那马又高又大，一日能行千里，北方有名，唤做照夜玉狮子马，乃是大金王子骑坐的，放在枪竿岭下，被小人盗得来。江湖上只闻及时雨大名，无路可见，欲将此马前来进献与头领，权表我进身之意。不期来到凌州西南上曾头市过，被那曾家五虎夺了去。小人称说是梁山泊宋公明的，不想那厮多有污秽的言语，小人不敢尽说。逃走得脱，特来告知。"宋江看这人时，虽是骨瘦形粗，却甚生得奇怪。怎见得？有诗为证：焦黄头发髭须卷，盗马不辞千里远。强夫姓段涿州人，被人唤做金毛犬。宋江见了段景住一表非俗，心中暗喜，便道："既然如此，且回到山寨里商议。"带了段景住，一同都下船，到金沙滩上岸。晁天王并众头领接到聚义厅上。宋江教樊瑞、项充、李衮和众头领相见。段景住一同都参拜了。打起聒厅鼓来，且做庆贺筵席。

宋江见山寨连添了许多人，四方豪杰望风而来，因此叫李云、陶宗旺监工，添造房屋并四边寨栅。段景住又说起那匹马的好处。宋江叫神行太保戴宗，去曾头市探听那马的下落消息，快来回报。且说戴宗前去曾头市探听去了，三五日之间，回来对众头领说道："这个曾头市上，共有三千余家。内有一家唤做曾家府。这老子原是大金国人，名为曾长者。生下五个孩儿，号为曾家五虎。大的儿子唤做曾涂，第二个唤做曾参，第三个唤做曾索，第四个唤做曾魁，第五个唤做曾各。又有一个教师史文恭，一个副教师苏定。去那曾头市上，聚集着五七千人马，紮下寨栅，造下五十余辆陷车，发愿说他与我们势不两立，定要捉尽俺山寨中头领，做个对头。那匹千里玉狮子马，见今与教师史文恭骑坐。更有一般堪恨那厮之处，杜撰几句言语，教市上小儿们都唱，道：'摇动铁环铃，神鬼尽皆惊。铁车并铁锁，上下有尖钉。扫荡梁山清水泊，剿除晁盖上东京。生擒及时雨，活捉智多星。曾家生五虎，天下尽闻名。'"

晁盖听了戴宗说罢，心中大怒道："这畜生怎敢如此无礼！我须亲自走一遭。不捉的此辈，誓不回山。"宋江道："哥哥是山寨之主，不可轻动，小弟愿往。"晁盖道："不是我要夺你的功劳。你下山多遍了，厮杀劳困。我今替你走一遭。下次有事，却是贤弟去。"宋江苦谏不听。晁盖忿怒，便点起五千人马，请启二十个头领相助下山，其余都和宋公明保守山寨。

宋江和晁盖的曲折关系前后经历了四个阶段。

阶段一，感恩。当宋江在郓城县做押司时，通风报信搭救了晁盖等人，又因泄露生辰纲案件报信之事遭阎婆惜勒索，为了灭口不得不将其杀死。事后，宋江被迫逃亡江湖。晁盖对宋江充满了感激和歉疚之情。

阶段二，拉拢。宋江号召力强大，能拉清风寨清风山秦明、花荣、燕顺等一干人马上梁山，壮大梁山势力，晁盖希望宋江自己也能上山入伙为山寨发展出力。

阶段三，佩服。宋江智取无为军，活捉黄文炳，展示了宋江的气度与军事才能，给晁盖留下了深刻印象。晁盖认为宋江是山寨不可多得的人才，对其言听计从。

阶段四，压制。宋江暗暗架空晁盖，渐渐在梁山树立起个人威信，势力一天天加大。晁盖有了危机感，开始采取反制措施来抑制宋江势力的继续发展。

于是梁山班子的裂痕逐渐产生了。说到底，其实在宋江上山之初，两个人还处于蜜月期的时候，晁盖就犯了明显的一个错误——在分工上主次颠倒，重大工作都交给宋江，自己退在二线扮演后勤部长角色。正是这样的草率分工为日后的分歧埋下了祸根。

问题二：副职积极工作，注意定位不可越位

一个合格的副职应该注意四个要点，多做宣传工作，少做组织工作，不做监察工作，常做后勤工作。

第一点，多做宣传工作。二把手出面主持工作的时候，第一，宣传公司；第二，宣传领导。你不能一张嘴说"我宋江的观点是什么"，那就不合格了。作为二把手，领导说：老宋啊，我最近身体不好，你替我上台给同志们讲讲话吧。那你来了，首先应该讲"根据公司战略和既定方针"；其次讲"按照我们董事长最近的安排和指示，我今天给大家讲几句"；再次讲"我们整个战略的布局"；最后讲"我还有几个个人补充的意见，供各位参考"。这样做，才是正确

的二把手，既宣传公司，又宣传领导。宋江打的是自己的旗号，讲的是自己，张嘴就是"我的梁山"。梁山不是他的，他却俨然以一把手自居，这就是越位。

第二点，少做组织工作。前面说了，重大人事安排，应该交给一把手。宋江没交，不但没交，还主动把剩下的权力都抢过来了。四处安排自己的人，核心人员的招聘全都自己去，招来的人全都自己安排。在人事工作上，他手伸得太长。领导常说"把这事交给你了"，是把这"事"交给你了。既然没交给你"人"，只交给你"事"，你便只能动事，却不能轻易动人。假如要参与重大的人事安排，你得另题汇报。宋江在这点上也越位了。

第三点，不做监察工作，就是不给领导提意见，尤其不提反面意见。道理很简单：你是二把手，你给领导提反面意见，提对了你叫迫不及待，提错了你叫别有用心。那你真有意见怎么办？要通过别人的口来提，这叫"位高而谏，以为有私"。位置太高的人给领导提意见，提对提错都说你有私心，这叫位置效应。让下边人来提，如果下边人实在不能提了，必须自己提，应该怎么办呢？

我们的原则是，当众提意见叫拆台，私下提意见叫补台，关起门民主，打开门集中。意思是说，提意见要关着门，在小场合，一对一地说。假如开着门，在大场合，当着几百号人，拍桌子、瞪眼睛，给领导提意见，这叫拿着真理要挟领导。领导不低头，说明领导不支持真理；领导要低头，说明你比领导高明。这叫"承认了，就是无能；不承认，就是无耻"。所以即使提的意见正确，态度也是不对的，意见越正确，态度越有问题。宋江在这个环节上，也做得不到位。

第四点，常做后勤工作。就是说，二把手有一个天然职责，关心一把手的个人生活。所以一个良好的二把手，应该能当一把手的内务总管。你来忙工作，家里的事、单位的事、工作的事……我来帮你干。家里人要看病，找不着大夫了，我帮你去找；大白菜买不着了，我帮你去买；交通罚款了，我帮你去交。二把手得有这个态度，得给一把手当后勤部长，而不是让一把手给你当后勤部长。

以上四条，宋江都没做到，所以宋江是一个越位的二把手。一个越位的二把手，碰到了一个不到位的一把手，班子就产生了矛盾。

问题三：守势不守事，不可在一人一事上与副职争权

宋江就要点兵去打曾头市。晁盖反思一下，他突然发现：自己最大的问题是让二把手主外，一把手主内，自己做后勤工作，让宋江去做外事活动，整合资源。所以晁盖决定，在曾头市这个问题上，咬紧牙关，坚决不让宋江去，他亲自去。

宋江道："哥哥是山寨之主，不可轻动，小弟愿往。"晁盖道："不是我要夺你的功劳。你下山多遍了，厮杀劳困。我今替你走一遭。下次有事，却是贤弟去。"宋江苦谏不听。晁盖忿怒，便点起五千人马，请启二十个头领相助下山。

于是晁盖犯了错误：一把手在一人一事上，跟二把手争短长。就算你有理，也不必跟他咬着不放，争势不必争事，应该高姿态，应该有战略眼光。因为关键是在用人上面，根本没必要在做事情上比二把手强。晁盖就以为，会做事才有资格当一把手，其实得会用人才行。

晁盖打曾头市就出事了，这个事情就是水泊梁山的一号悬案，叫晁盖之死。为什么说是悬案呢？里面有谜团：晁盖要去打曾头市，宋江依然跟晁盖说：天王哥哥，你是山寨之主，不要轻动。还是小弟去打，小弟愿往！晁盖一着急，把实话说出来了：贤弟呀，不是我要夺你的功劳……

大家注意，这句话的表达方式，这种语气叫反向强化。当有一个人握着你的手说：老弟呀，咱俩这事不是钱的事。我告诉你，这事就是钱的事。若是女生跟男生说：咱俩不成，真不是你长得太意外的问题。其实女生言下之意就是"你长得太意外了"。这种表达方式就是反向强化，不经意之间流露本心。

晁盖这句话的意思是：我就是要夺你的功劳！你这叫功高震主、才大欺主、势大压主，再大一点，我就没主了，我被你拿下了。那可不行，这事得我来。

宋江心想：没有金刚钻，揽不了瓷器活。你行吗？宋江想阻拦，又不好意思说"领导你不具备军事才能"，他只能从其他角度来讲。晁盖急了，坚持要去。宋江苦劝不听，晁盖点齐五千人马，去打曾头市,这一下就把自己坑死了。

大家注意,宋江的军事才能:三打祝家庄是城市攻坚战;大破连环马是骑兵野战;三山聚义打青州是从游击战到阵地战再到运动战。宋江什么仗都打过,可以指挥十万人以上的军队,而且马步军协同作战,那叫陆海空一体化作战。晁盖呢?他指挥的最大一次战役,就是智劫生辰纲——一个排级规模的战斗,而且还没动武,是用欺骗手段解决的。

所以,晁盖会指挥野战吗?他根本不会,见那么多匹马在一起,他都不知道怎么办。晁盖没有带兵打仗的经验,也好办,带点过硬的军事干部就行了:要讲课带着赵玉平,要说相声带着郭德纲,要出主意带上吴用,要发钱带上财神爷,要搞公益事业带上房地产商,都行啊。可是晁盖谁都没带,就带五千人马去了。

大家想想,宋江有那么大的军事才能,每次打仗,一定要带一个过硬的参谋团队,而且要带总参谋长吴用。晁盖第一次上阵打野战,居然没带吴用!我们禁不住要问一个问题:是吴用自己不去,还是宋江不让去,或是他们俩合谋不去?这不是陷晁盖于死地吗?晁盖打曾头市,吴用一开始没跟着去,这事很值得怀疑。说轻了吴用是一不小心,说重了他是阴谋蓄意。这事让福尔摩斯、狄仁杰什么的推一推、断一断,再用谍战剧里的审讯手段审一审,说不定能看出什么破绽。这里边肯定有事,至少是两个人心有默契:吴用给个眼色,宋江一看到那眼色,就收到信号了。

等晁盖到了曾头市，没有任何野战经验，就仓促上阵，跟史文恭开打了。于是，第二个问题出来了：史文恭这人枪上的好汉，武功很高，在战场上，他是否会用冷箭就很值得怀疑。另外放冷箭的时候，是否会在冷箭上刻自己的名字？而且那么多箭，专门就刻这一支，还用这支箭专门射敌人的头领？这又是一个疑问。再深入讲，这支箭是从正面来的，是从侧面来的，还是从后面来的？这也是个疑问。

所以我们对晁盖之死画了很多问号。这事有很多人为的经意和不经意的因素。晁盖中箭了没死，带着伤、带着痛，回梁山了。晁盖痛苦啊：一是伤口痛，二是心痛。痛在哪儿？痛在：宋江你看看，你当二把手，你每次上北京出差，我是怎么给你安排的？商务车接站，直接住五星级酒店，白天出门有人接；晚上累了有人给你捶腿；不管公事、私事，回来一张条子，我都给你报了。那我第一次打仗，你是怎么给我安排的？机场出门走错了，找不着接站的；到酒店说房间没订，明天再来，三更半夜顶着雨，在北京城找酒店，转得乱七八糟。你这算什么兄弟呀？职务上，你不够二把手的资格；感情上，你不够兄弟的情分。

晁盖临死前，当着众头领的面对宋江说："贤弟保重，若那个捉得射死我的，便教他做梁山泊主！"可见晁盖对宋江多么不满，此话的意思就是不想让宋江当老大。否则晁盖完全可以说，贤弟保重，我死之后，你便为梁山之主。宋江的武功不行，而晁盖的遗言又是谁捉了射死他的史文恭，谁就是老大。史文恭是《水浒传》中的一等武林高手，以宋江的本事怎么可能捉得住史文恭。若以这个为条件，除了萧让、金大坚之类的知识分子，梁山上任何人都比宋江有希望当老大，哪怕李逵都比宋江的可能性大。晁盖临死开出这个条件，分明就是不想让宋江继任老大的位置。自宋江入伙后，晁盖这个老大多半是做得十分窝囊，临死来了这么一手，也算报了一箭之仇。

不过后来在吴用、李逵、花荣、武松等人的大力支持之下，宋江还是坐上了梁山的第一把金交椅。

所以，王伦是个不到位的领导，晁盖是个错位的领导，而宋江是个越位的领导。有人分析晁盖、宋江这两个人的区别：一个要造反，一个要招安；一个见了朝廷躲着走，一个见了朝廷往里钻；一个是要推翻旧体制，一个是要拥抱旧体制；一个是不拘常规，一个是不敢越轨；一个是要做自由人，一个是要做体制人。

其实，这里一直萦绕着一个问题，宋江为什么要投降？人们对宋江的争议、对宋江的反感、对宋江的鄙视都是从这一点开始的。我认为分析这个问题需要考虑三点。

一是考虑到《水浒传》是一本小说。不是宋江要投降，而是另一个人要投降。这个人是作者。宋江投降反映了作者的倾向与偏好。所以我们看书要能看进去，也要能跳出来。

二是考虑传播问题。反皇帝不反贪官，努力造反为了日后招安，这些神逻辑确保了《水浒传》可以在后世封建社会稳定传播，不被封建皇帝查禁。如果一上来就鼓吹造反，恐怕早被焚书了，我们也就看不到这本书了。所以有人说，《水浒传》后半部分是有人篡改的，其实也有这种可能性。

三是考虑价值观。对于宋江这样的封建知识分子来说，忠君报国、封妻荫子是他的固定价值观，是不可动摇的思想基础。如果不接受新的文化熏陶和思想教育，他是不可能自己超越自己的。这是宋江的局限，也是历史的必然。

所以我们看《水浒传》，要站在现代人的角度去看，必须有一些过滤，比如过滤掉其中血腥好杀的东西，过滤掉其中装神弄鬼的东西，过滤掉作者的个人色彩和时代的局限。最要紧的，宋江、晁盖、王伦他们都不是一个历史人物，他们是文学形象，是小说里的人物，他们的故事有编造、有创造、有捏造、有伪造。所以，我们不能像评价历史人物那样去评价他们，而要更多地坚持有取有舍、去粗取精、选择性注意的原则。

整理传统文化需要新的解释学，除了传统的文史哲，我们还借鉴了管理学、心理学和博弈论的一些理论方法，对《水浒传》进行了多角度的分析和挖掘，以达到剥茧抽丝、透过现象寻找规律的目的。

我们这个时代，人和物的关系越来越复杂，电脑、手机、智能多媒体、移动互联、物联网、大数据、云计算、人工智能，可以说各种技术日新月异。但是人与人关系中的基本规律和基本模式没有变。

第九讲　宋江不是接班人

> **智慧箴言**
>
> 生活的规律就是，只有守住了不变的东西，才能去寻那些变化的东西；只有把握住了不变的东西，才不会在变化中迷失方向。

在《水浒智慧》第一部的九讲当中，我们以《水浒传》三位头领王伦、晁盖、宋江为对象，向大家展示了一些值得思考的现象和规律。希望这样的解读和分析，能给各位的工作和生活提供一些有趣的参考。

讲到这里，《水浒智慧》的第一部"梁山头领那些事儿"就告一段落了。水浒英雄有一百零八位，每个人都是一本书，每个人都是一段传奇。第二部，我准备给大家讲一个有意思的主题——"英雄是怎样炼成的"。

出版说明

本书以作者在CCTV-10《百家讲坛》所作同名讲座为基础整理润色而成,并保留了作者在讲座中的口语化风格。